编委会

宁夏贺兰山林木种质资源调查项目资助
草业科学一流学科建设项目（NXYLXK2017A01）资助

贺兰山
林木种质资源

李小伟　王继飞　李静尧·主编

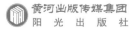
黄河出版传媒集团
阳光出版社

图书在版编目（CIP）数据

贺兰山林木种质资源 / 李小伟, 王继飞, 李静尧主
编. -- 银川：阳光出版社, 2022.8
ISBN 978-7-5525-6455-6

Ⅰ.①贺… Ⅱ.①李… ②王… ③李… Ⅲ.①贺兰山
－林木－种质资源 Ⅳ.①S722

中国版本图书馆CIP数据核字(2022)第149693号

贺兰山林木种质资源

李小伟　王继飞　李静尧　主编

责任编辑　郑晨阳　陈建琼
封面设计　晨　皓
责任印制　岳建宁

黄河出版传媒集团
阳光出版社　出版发行

出 版 人　薛文斌
地　　址　宁夏银川市北京东路139号出版大厦（750001）
网　　址　http://www.ygchbs.com
网上书店　http://shop129132959.taobao.com
电子信箱　yangguangchubanshe@163.com
邮购电话　0951-5047283
经　　销　全国新华书店
印刷装订　宁夏银报智能印刷科技有限公司
印刷委托书号　（宁）0024367

开　　本　787 mm×1092 mm　1/16
印　　张　14.75
字　　数　200千字
版　　次　2022年8月第1版
印　　次　2022年8月第1次印刷
书　　号　ISBN 978-7-5525-6455-6
定　　价　108.00元

前 言
FOREWORD

　　林木种质资源是林木基因多样性的载体，也是林木良种选育和遗传改良的物质基础，更是林业部门进行科学研究和生产不可或缺的基础性和战略性资源，在林业生态安全和可持续发展中起着举足轻重的作用。

　　贺兰山是位于阿拉善高原与银川平原之间的高大山体，不仅是我国气候带与植被带的分界线，还是连接青藏高原、蒙古高原及华北植物区系的枢纽，同时也是中国西北重要的生态屏障和植物多样性中心，在水源涵养、水土保持、维持生物多样性和调节气候等方面起着重要的生态作用。贺兰山是宁夏三大林区之一，在海拔2 000~3 100 m之间的阴坡及部分半阴坡，主要以寒温性常绿针叶林和温性常绿针叶林为主，而阳坡主要以落叶阔叶林为主，是研究我国西北山地森林生态系统、植被更新与演替的理想区域。

　　开展林木种质资源普查，是林木种质资源保护和开发利用的前提和基础。在宁夏贺兰山管理局的大力支持下，本团队从2018年起以宁夏贺兰山林木种质资源调查项目为契机，多次深入贺兰山东坡腹地，历经4年完成了贺兰山林木种质资源的普查工作，并基于普查数据编写了《贺兰山林木种质资源》一书。本书共5章，第一章介绍了贺兰山的地形地貌、气候、土壤等自然条件；第二章介绍了贺兰山主要森林植被类型及森林景观；第三章介绍了贺兰山木本植物区系；第四章介绍了贺兰山木本植物种质资源分类、分布及用途；第五章主要介绍了6种木本珍稀濒危植物的分布、种群数量和濒危状况以及保育措施。收录了贺兰山野生木本植物38科75属144种（包括种下等级）。每种植物用简洁的文字介绍了中文名、拉丁名、科属分类、形态特征、产地和生境，并用彩色图片对每种植物的生境、叶、花和果等特征进行了全面展示，便于读者识别和掌握植物的主要特征，同属种的排列按照种加词英文字母顺序；裸子植物是按照多识裸子植物分类系统，被子植物是按照被子植物系统发育研究组系统（Angiosperm Phylogeny Group, APG Ⅳ）排列，所有物种的中文名、拉丁名及科、属拉丁名均参照《Flora of China》，以及中国植物物种名录2021版、The Plant List（植物清单）核对和修正。本书是对贺兰山东坡林木种质资源普查结果的全面整理和总结，该书的出版能为宁夏贺兰山林业建设规划、造林树种选育、林木良种推广、野生树种开发以及珍稀濒危树种保护提供科学依据。

　　本书从标本采集、数据整理、照片拍摄到编写历经数载，倾注了编者大量心血，但由于作者水平所限，疏漏与不足之处在所难免，恳请读者、同行斧正。

编　者

2021年4月20日

目 录
CONTENTS

第一章

贺兰山概况

第一节 自然地理条件

一、地理位置

贺兰山位于宁夏和内蒙古的交界处，东与宁夏接壤，西与内蒙古阿拉善盟毗邻，处于银川平原和阿拉善高原之间，属阴山山系。地理范围为东经105°41′~106°41′，北纬38°13′~39°30′，总面积4100 km²；山体北起阿拉善左旗楚鲁温其格，南止宁夏中卫市照壁山，呈西南—东北走向，近略呈弧形，全长约180 km，东西宽20~40 km，相对海拔高度1500~2000 m，主峰敖包疙瘩位于贺兰山中段内蒙古境内，海拔为3556.15 m。行政区划以分水岭为界，东坡由宁夏管辖，西坡由内蒙古管辖。

贺兰山是我国气候和植被的分界线。贺兰山以西为内流区，属于西北干旱区，地表以戈壁、绿洲和流动性大的原生沙漠为主；贺兰山以东是传统的农业和农牧交错区。贺兰山高耸的山体是一条坚实的屏障，阻截了腾格里沙漠的东侵，削弱了西伯利亚高压冷气流的肆虐，向西缓慢延伸融入宁夏平原，阻挡了东南季风的西进，因此，贺兰山是宁夏乃至整个西北的生态屏障。总之，贺兰山生态走向关乎该区生物多样性的保护和西北地区的生态安全。

二、地形地貌

贺兰山地势呈东仰西倾的地貌形态，东坡毗邻银川平原，山势陡峻，断崖林立，山体险峻，而西接阿拉善高原，相对较缓。

根据地貌特征，可将山体分为北、中、南3段：北段为西坡古拉本和东坡汝箕沟以北部分，与乌兰布和沙漠相邻，多为海拔2000 m以下的剥蚀低山，山势平缓，物理分化强烈，山丘有覆沙现象；中段为古拉本—汝其沟以南至西坡黄渠沟—东坡甘沟部分，是贺兰山的主体，3000 m以上的山脊及主峰均分布于此段，这里山体庞大，地势陡峻，峰峦起伏，峭岩危耸，沟谷下切很深。沿海拔梯度中段呈现4种不同的地貌类型：海拔1500 m以下的山前洪积倾斜平原—洪积扇区，沟道极为发育，多数自西向东延伸，呈梳篦状分布；海拔1500~2000 m为干燥剥蚀山地；2000~3000 m为流水侵蚀山地；3000 m以上为寒冻风化山地。西坡黄渠沟—东坡甘沟以南的部分为南段，以海拔1500m左右的低缓山丘为主。贺兰山垂直、坡向分异的地势变化形成了一个复杂多样的自然环境，给众多物种的栖息和生存提供了必需的外部条件。

三、气候

贺兰山深居内地，属于中温带干旱气候区，具有典型的大陆性气候特征，冬长夏短，春寒秋凉。冬季受强大的蒙古冷高压控制，寒冷而漫长，天气多晴朗、干燥，盛行西北风，时间长达5个月之久，夏季炎热而短暂，秋季凉爽，无霜期短。

贺兰山山地气候特征显著，随着海拔的抬升，水、热气候条件差异显著。东麓的银川气象站（海拔1110m）、西麓的巴彦浩特气象站（海拔1560m）、高山气象站（海拔2902m）、主峰（海拔3556m）多年平均气温和降水量分别为9.0℃和190mm、7.7℃和200mm、-0.8℃和429.8mm、-2.8℃和500mm。由此可见，海拔显著影响了贺兰山的水热变化，年平均气温随着海拔升高明显降低，但年降水量随着海拔的升高而增加。

四、土壤

贺兰山山体巨大，水热差异显著，植被类型多样，孕育的土壤类型丰富。随着海拔的升高，水热条件、植被发生规律性的更替，相应所发育的土壤也各不相同。贺兰山主要有9个土类，15个亚类，31个土属。

高山、亚高山草甸土：贺兰山高山灌丛、高山草甸植被下发育的土壤。分布在海拔3000m以上主峰附近，面积较小，地势陡峭，地表多有碎石。植被主要是山生柳（*Salix oritrepha*）、鬼箭锦鸡儿（*Caragana jubata*）的灌丛。

灰褐土：在温带半湿润气候条件下，由森林、灌丛植被发育的一种土壤。分布在贺兰山中段海拔1900~3000m的山地阴坡与半阴坡，植被主要是青海云杉（*Picea crassifolia*）林和油松（*Pinus tabuliformis*）林以及几种中生植物灌丛。

栗钙土：是在干草原植被下形成的，具有栗色腐殖质层，明显钙积层的地带性土壤。分布于海拔1600~1900m（阴坡）和2000m（阳坡）山坡或山麓，植被主要是以克氏针茅（*Stipa krylovii*）、大针茅（*S. grandis*）和甘青针茅（*S. przewalskyi*）等为建群种的典型草原。

棕钙土：是草原向荒漠过渡的一种地带性土壤，在自然地理上包括荒漠草原和草原化荒漠两个植被亚带。贺兰山是山地棕钙土性质，由于基带为草原化荒漠，故这里半地带性土壤与地带性土壤混合。主要分布在山前洪积扇区，植被类型以珍珠猪毛菜（*Salsola passerina*）、红砂（*Reaumuria songarica*）草原化荒漠群落为主，也有针茅荒漠草原群落。

灰钙土：是荒漠草原植被下的地带性土壤。主要分布在海拔1 400~1 900 m 的山地至山麓一带，植被以红砂、斑子麻黄（*Ephedra rhytidosperma*）等为建群种的草原荒漠。

新积土：是指在新松散堆积物上，成土时间很短、发育微弱的幼年土壤。在贺兰山主要分布于地形较平坦的低山丘陵间、山前干河床或山前洪积扇。其上植物甚少，植被类型主要为旱榆（*Ulmus glaucescens*）疏林、甘蒙锦鸡儿（*Caragana opulens*）灌丛和斑子麻黄等群落。

石质土：接近地表面的土层小于10 cm，基岩裸露面积大于30%，称之为石质土。石质土处在山地脊部、陡坡、丘陵的阳坡或半阳坡上，植被盖度极低，水土流失严重，并不断遭到外力作用，始终有成土过程，剖面分化极不明显。

粗骨土：是发育在各种类型基岩碎屑物上的幼年土壤。在贺兰山中段阳坡、半阳坡以及南北两端低山带，都有粗骨土分布。地上植被主要以旱榆疏林、杜松（*Juniperus rigida*）疏林以及斑子麻黄和松叶猪毛菜（*S. laricifolia*）等为建群种的荒漠群落。

灰漠土：是发育在温带荒漠边缘的土壤，介于棕钙土和灰棕漠土之间。主要植被以沙冬青（*Ammopiptanthus mongolicus*）、霸王（*Sarcozygium xanthoxylon*）、四合木（*Tetraena mongolica*）和红砂等为建群种的荒漠群落。

总之，贺兰山土壤垂直分异明显，从基带至主峰，西坡大致是灰漠土—棕钙土—灰褐土—高山、亚高山草甸土；东坡为灰漠土—棕钙土—栗钙土—新积土—粗骨土—高山、亚高山草甸土。

五、植被

贺兰山地处我国草原带和荒漠带的分界处，植被类型复杂多样，依据科学出版社《中国植被》的分类原则、单位及系统，可划分为12个植被型，70多个群系。由于贺兰山山体巨大、南北走向，使得水热组合差异较大，因此，贺兰山植被存在着垂直分异、坡向分异和水平分异。按照坡向分异，阴坡依次为荒漠—荒漠草原—典型草原—温性针叶林—寒温性针叶林—高山灌丛、草甸；阳坡依次为荒漠—荒漠草原—典型草原—疏林、灌丛—亚高山灌丛—高山灌丛、草甸。按照垂直分异，海拔1600米以下分布着山前荒漠与荒漠草原带，海拔1 600～1 900 m的山麓与低山是草原带，海拔1 900～3 100 m为中山和亚高山分布针叶林带，海拔3 100 m以上的高山与亚高山分布着灌丛草甸。青海云杉林分布于2 400～3 100 m的地带，油松林分布于2 000～2 400 m的地带，部分区域有油松、青海云杉与山杨等乔木组成的混交林。灰榆林分布于海拔1 500～1 900 m。另外贺兰山北、中、南三段的植被类型也有显著差异。

第二章

主要森林植被类型及森林景观

第一节 森林种质资源现状

森林作为地球上最大的陆地生态系统，是地球上的基因库、碳库、蓄水库和能源库，是人类赖以生存和发展的物质资源。森林群落和非生物环境有机地结合构成完整的森林生态系统，该系统在调节气候、涵养水源、保持水土、防风固沙、改善土壤等方面起着重要的作用。因此，森林是国家生态安全体系的基础和纽带，承担着维护区域生态安全的重大使命，是人类生产、生活不可或缺的重要物质基础。森林资源的可再生性能够实现森林效益的永续利用，其功能是不可替代的，但受人为因素和自然条件的影响，森林的数量、质量及分布情况处于不断变化中，因此掌握森林资源的基本状况及动态变化规律，是保护森林、发展林业重要的决策依据。

贺兰山由于山体巨大，海拔较高，水热组合多样，植被类型丰富，植被具有垂直、坡向和南北分异的特征，带谱比较复杂。按植被型可划分成4个植被垂直带：山前荒漠与荒漠草原—山麓与低山草原—中山针叶林带—高山、亚高山灌丛、草甸带。森林植被可以划分为2个植被型亚纲、3个植被型组和6个群系（见表2-1）。

表2-1 贺兰山森林植被分类系统

植被型亚纲	植被型组	植被型	群系
针叶林	寒温性针叶林	寒温性常绿针叶林	青海云杉林（Form. *Picea crassifolia*）
	温性针叶林	温性常绿针叶	油松林（Form. *Pinus tabuliformis*）
			杜松林（Form. *Juniperus rigida*）
阔叶林	落叶阔叶林	中生落叶阔叶林	山杨林（Form. *Populus davidiana*）
			白桦林（Form. *Betula platyphylla*）
			旱榆林（Form. *Ulmus glaucescens*）

森林植被6个群系中，分布面积和蓄积量由大到小依次为：青海云杉林、旱榆林、油松林、山杨林、杜松林和白桦林。在阴坡和半阴坡主要以山地常绿针叶林为主；阳

坡主要以旱榆林为主。

根据2006年贺兰山森林资源规划设计调查结果显示，宁夏贺兰山国家级自然保护区总面积为193 535.68 hm²，保护区森林面积27 609.0 hm²，森林覆盖率14.3%，活立木总蓄积量132 0721.7 m³，有林地面积18 635.3 hm²，蓄积量127 7542.1 m³。贺兰山天然林面积为35 320.8 hm²，蓄积量为1 319 852.6 m³，人工林面积为460.6 hm²，蓄积量为869.1 m³。

一、林地面积

贺兰山共有林地面积191 127.08 hm²，非林地面积24 089 hm²，其中，乔木林面积1 863 503 hm²，疏林地面积7 829.3 hm²，灌木林地面积8 973.7 hm²，未成林造林地面积343.1 hm²，宜林地面积155 342.8 hm²，林业生产辅助用地2.8 hm²（见图2-1）。

二、森林面积和蓄积量

贺兰山保护区共有森林面积27 609.0 hm²（含灌木林面积8 973.7 hm²），蓄积量1 277 542.1 m³。乔木林面积18 635.3 hm²；其中针叶林面积为9 350.2 hm²，占有林地面积的50.17%，蓄积量93 3846.4 m³；阔叶林面积为4 724.1 hm²，占有林地面积的25.35%，蓄积量36 929.4 m³，混交林面积为4 561.0 hm²，占有林地面积的24.48%，蓄积量306 766.3 m³（见图2-2）。

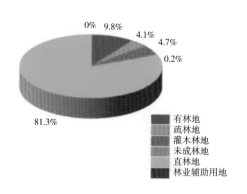

图 2-1　贺兰山各类林地面积比例

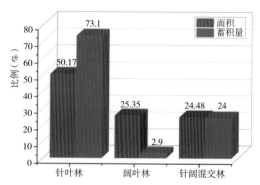

图 2-2　乔木林面积、蓄积量组成比例

三、树龄结构

乔木林按龄划分，幼龄林面积9.2 hm²，蓄积量为125.0 m³；中龄林面积9 358 hm²，蓄积量911 218.1 m³；近熟林面积7 329.7 hm²，蓄积量为289 828.4 m³；成熟林面积

876.99 hm^2，蓄积量为 75 935.5 m^3；过熟林面积 13.5 hm^2，蓄积量 375.1 m^3（所占比例见图2-3）。

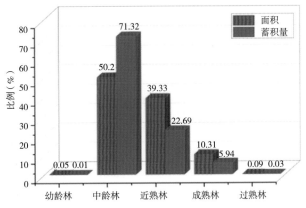

图2-3　乔木林各龄组面积、蓄积量占比

四、优势树种

乔木林中青海云杉面积与蓄积量最大，分别占乔木林面积、蓄积量的 49.9% 和 71.7%；其次为油松面积为 3 219.50 hm^2，蓄积量 281 791.40 m^3（表2-2）。

表2-2　乔木林各优势树种面积与蓄积量构成

优势树种	面积 / hm^2	比例 / %	蓄积量 / m^3	比例 / %
青海云杉	9 288.80	49.85	915 328.90	73.65
油松	3 219.50	17.28	281 791.40	22.06
柏类	19.70	0.11	139.50	0.01
旱榆	3 978.50	21.38	/	/
山杨	1 974.20	10.59	77 708.50	6.08
其他	154.60	0.83	2 573.80	0.20

五、天然林资源

天然林是贺兰山森林资源的主体，是森林生态系统的主要组成部分。天然林是自然界中功能最完善的资源库、基因库、蓄水库、贮碳库和能源库，在维持生态平衡、提高环境质量及保护生物多样性等方面发挥着不可替代的作用。

1. 天然林资源概况

贺兰山天然林面积为 35 320.8 hm²，蓄积量为 1 319 852.6 m³。其中乔木林面积和蓄积量为 18 529.3 hm² 和 1 276 673.0 m³。疏林地面积和蓄积量为 7 817.8 hm² 和 43 179.6 m³；灌木林面积为 8 973.7 hm²（见图2-4）。

2. 龄组结构

在天然乔木林按照龄组划分，中龄林面积和蓄积量分别为 9 261.9 hm² 和 910 516.2 m³。近熟林面积和蓄积量为 7 328.9 hm² 和 289 828.4 m³；成熟林面积和蓄积量为 1 921.2 hm² 和 75 935.2 m³；过熟林面积和蓄积量为 17.3 hm² 和 392.9 m³（见图2-5）。

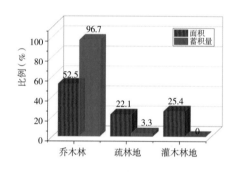

图 2-4 天然林各地类面积、蓄积量占比　　图 2-5 天然乔木林各龄组面积、蓄积量占比

3. 树种结构

天然乔木林以青海云杉、油松、山杨为主，其中青海云杉林面积和蓄积量最大，分别为 9 288.8 hm² 和 915 328 m³，分别占保护区天然乔木林面积、蓄积量的 50.1% 和 71.7%；其次为油松林面积和蓄积量分别为 3 219.5 hm² 和 281 791.4 m³，分别占保护区天然乔木林面积蓄积量的 17.4% 和 22.1%（见表2-3）。

表2-3 天然乔木林优势树种面积、蓄积量结构情况

优势树种	面积 / hm²	比例 / %	蓄积量 / m³	比例 / %
云杉	9288.8	50.1	915328.9	71.7
油松	3219.5	17.4	281791.4	22.1
柏类	19.7	0.1	139.5	0.0
旱榆	3978.5	21.5	/	/

续表

优势树种	面积 / hm²	比例 / %	蓄积量 / m³	比例 / %
硬阔	4.4	0.0	91.7	0.0
山杨	1974.2	10.7	77708.5	6.1
其他	44.2	0.2	1613.0	0.1
合计	18529.3	100	1276673.0	100

第二节　主要森林植被类型与景观

一、寒温性常绿针叶林——青海云杉林

青海云杉林属寒温性常绿针叶林，是贺兰山森林植被的主要类型之一。分布于海拔 2 400～3 100 m 的山地阴坡和半阴坡。青海云杉林外貌蓝绿色，林相整齐。群落结构较复杂，通常可划分为乔木、灌木、草本层和地被层。乔木层以青海云杉（*Picea crassifolia*）为优势种，乔木层伴生有常绿针叶植物油松（*Pinus tabuliformis*）和杜松（*Juniperus rigida*）以及落叶阔叶植物山杨（*Populus davidiana*）等，乔木层盖度

图 2-6　贺兰山响水沟青海云杉林景观

30%～77%，胸径5.0～34.1 cm，高度4.2～17.8 m；灌木层以落叶阔叶灌木为主，生长稀疏，盖度较低，主要有小叶忍冬（*Lonicera microphylla*）、西北栒子（*Cotoneaster zabelii*）、毛叶水栒子（*C. submultiflorus*）、小叶金露梅（*Potentilla parvifolia*）、置疑小檗（*Berberis dubia*）等，林带的上限常伴生高山灌木，主要有山生柳（*Salix oritrepha*）、鬼箭锦鸡儿（*Caragana jubata*）、叉子圆柏（*Juniperus sabina*）、银露梅（*P. glabra*）等为主；林带中部灌木更加稀少，地表主要以草本和苔藓植物为主。草本层通常较发达，盖度20%～60%，高度3～40cm；主要有祁连苔草（*Carex olivescens*）、小红菊（*Chrysanthemum chanetii*）、林地早熟禾（*Poa nemoralis*）等；地被层苔藓层片非常发达，主要是山羽藓（*Abietinella abietina*）、毛尖藓（*Cirriphyllum piliferum*）、细牛毛藓（*Ditrichum flexicaule*）、灰藓（*Hypnum cupressiforme*）、树形疣灯藓（*Trachycystis ussuriensis*）、青藓（*Brachythecium pulchellum*）等为主。土壤类型主要是灰褐土，全氮含量为1.6～2.28 g/kg；全磷含量为0.38～0.70 g/kg，pH 为7.17～7.99。

图2-7 贺兰山苏峪口沟油松林景观

二、温性常绿针叶林——油松林

油松林属温性常绿针叶林，是贺兰山东坡森林群落的主要群系之一，分布面积仅次于青海云杉林和灰榆林，分布于海拔1900~2400m的阴坡和半阴坡。油松林外貌苍绿，林相整齐，群落结构相对简单，多数为纯林。群落可分为乔木、灌木和草本层。乔木层以油松（*Pinus tabuliformis*）为建群种，油松林带的上限常混生少量青海云杉，下限干燥的半阴坡常伴生有杜松，局部混生少量山杨；乔木层盖度28%~73%，胸径3.1~27.7cm，高度1.2~15.3m。灌木层以落叶阔叶灌木为主，郁闭度不高，主要有小叶忍冬、准噶尔栒子（*Cotoneaster soongoricus*）、小叶金露梅、置疑小檗、蒙古绣线菊（*Spiraea mongolica*）、美丽茶藨子（*Ribes pulchellum*）等；由于林下环境干燥，草本层通常不发达，苔藓植物基本不形成层片。土壤类型主要是灰褐土，全氮含量为1.50~3.90g/kg；全磷含量为0.60~0.81g/kg，pH为8.13~8.37。

三、落叶阔叶林——旱榆林

旱榆林属落叶阔叶林，是贺兰山东坡最为常见的森林群落，分布面积仅次于青海云杉林，主要生于海拔1300~2800m干燥石质阳坡、沟谷或干河床两侧，通常以旱榆（*Ulmus glaucescens*）为建群种，组成旱榆疏林群落，分布于水分条件较好的沟谷边缘，面积小，呈零星斑块或条带状分布。群落郁闭度50%~60%。林下灌木层较发达，灌丛郁闭度10%~20%，主要植物为小叶忍冬、蒙古绣线菊、准噶尔栒子、小叶金露梅、置疑小檗、黄刺玫（*Rosa xanthina*）、荒漠锦鸡儿（*Caragana roborovskyi*）、狭叶锦鸡儿（*Caragana stenophylla*）等。草本层分布不均匀，局部发达，盖度可达30%，主要有华北米蒿（*Artemisia giraldii*）、甘肃黄芩（*Scutellaria rehderiana*）、尖齿糙苏（*Phlomis dentosa*）、臭草（*Melica scabrosa*）、西山委陵菜（*Potentilla sischanensis*）、赖草（*Leymus secalinus*）、术叶合耳菊（*Synotis atractylidifolia*）、女娄菜（*Silene aprica*）等。沟谷较潮湿环境中常有木藤蓼（*Fallopia aubertii*）、芹叶铁线莲（*Clematis aethusifolia*）等层间植物。

图2-8　贺兰山插旗口旱榆林景观

第三章

贺兰山木本
植物区系

第一节 贺兰山木本植物区系及组成

一、贺兰山木本植物区系组成

根据贺兰山林木种质资源普查植物标本统计显示，本区共有木本植物144种，隶属于38科75属，其中裸子植物3科4属9种，被子植物35科71属135种。

表3-1 贺兰山保护区植物区系组成

类	科	属	种
裸子植物	3	4	9
被子植物	35	71	135

二、贺兰山木本植物区系优势科、属组成分析

按科所含种数统计（见表3-2和表3-3），优势科有蔷薇科、豆科、菊科、杨柳科、苋科、毛茛科，以及柽柳科。共有7科含植物85种，占总科数的18.42%，占总种数的59.03%。其中蔷薇科29种，占总种数的20.14%，豆科有14种，占总种数的9.72%，菊科和杨柳科各含11种，分别占总种数的7.64%。苋科9种，占总种数的6.25%，毛茛科6种，占总种数的4.17%，柽柳科5种，占总种数的3.47%。这些优势科都是温带性质的科，表明该区为北温带植物区系。上述数据表明，含4种以上的科共有7科，占科总数的18.42%，但其属数有33属，种数有85种，占同类型比例的43.42%和59.03%，构成了本区系木本植物属、种的主体，优势现象十分明显。

表3-2 贺兰山木本植物科的科属数量统计

	科数	科占比 / %	种比例 / %		属数	属占比 /%	种占比 /%
>4	7	18.42	59.03	>5	5	6.67	24.31
4≥X>1	18	47.37	31.94	5≥X>1	23	30.67	43.06
=1	13	34.21	9.03	=1	47	62.67	32.63

表3-3　贺兰山木本植物区系优势科组成

科名	种数	种占比 / %	属名	种数	种占比 / %
蔷薇科 Rosaceae	29	20.14	柳属 *Salix*	9	6.25
豆科 Leguminosae	14	9.72	栒子属 *Cotoneaster*	8	5.56
杨柳科 Salicaceae	11	7.64	铁线莲属 *Clematis*	6	4.17
菊科 Compositae	11	7.64	锦鸡儿属 *Caragana*	6	4.17
苋科 Amaranthaceae	9	6.25	绣线菊属 *Spiraea*	6	3.17
毛茛科 Ranunculaceae	6	4.17			
柽柳科 Tamaricaceae	5	3.47			
合计	85	59.03	合计	35	23.32

按属所含种数统计（见表3-2、表3-3），优势属5属，占总属数的6.58%，含有物种35种，占总种数的24.31%。主要以柳属（9种，占总种数的6.25%）、栒子属（8种，占总种数的5.56%）、铁线莲属（6种，占总种数的4.17%）、锦鸡儿属（6种，占总种数的4.17%）、绣线菊属（6种，占总种数的4.17%）为主。由此可见，本区没有大型属，均为种数少于10的属。而且这些优势属表明该区为温带植物区系，同时单种属48个，占总属数的63.16%，占总种数的33.33%，表明该区植物区系复杂。

总之，优势科、属的组成充分显示了北温带植物区系的特征。

三、贺兰山木本植物区系属的组成与分析

按照吴征镒的中国种子植物的分布区类型划分，可将本区木本植物76属划分为11个分布类型（见表3-4），除缺少热带亚洲至热带美洲间断分布型、旧世界热带分布、热带亚洲至热带非洲分布型、热带亚洲（印度—马来西亚）分布外，其他各分布型都存在，说明其地理成分比较复杂。

表3-4 贺兰山国家级自然保护区木本植物属的分布型

分布型	属数	属占比 / %	种数	种占比 / %
1. 世界广布	6	7.89	16	11.11
2. 泛热带广布	7	9.21	10	6.94
5. 热带亚洲至热带大洋洲分布	1	1.32	1	0.69
8. 北温带分布	27	35.53	64	44.44
8-2. 北极—高山	1	1.32	1	0.69
8-4. 北温带和南温带（全温带）间断	2	2.63	3	2.08
9. 东亚和北美洲间断分布	3	3.95	6	4.17
10. 旧世界温带分布	6	7.89	8	5.56
10-1. 地中海区、西亚和东亚间断	3	3.95	3	2.08
11. 温带亚洲分布	2	2.63	10	6.94
12. 地中海区、西亚至中亚分布	6	7.89	9	6.25
12-3. 地中海区至温带、热带亚洲，大洋洲和南美洲间断	1	1.32	1	0.69
13. 中亚分布	3	3.95	4	2.28
13-1. 中亚东部（亚洲中部）	2	2.63	2	1.39
13-2. 中亚至喜马拉雅	1	1.32	1	0.69
14. 东亚（东喜马拉雅至日本）分布	2	2.63	2	1.39
15. 中国特有分布	3	3.95	3	2.08
合计	76	100	144	100

1. 世界广布

这一类型贺兰山共有6属，占本区总属数的7.89%，有16种，占本区种数的11.11%，分别为铁线莲属（*Clematis*）、鼠李属（*Rhamnus*）、悬钩子属（*Rubus*）、猪毛菜属（*Salsola*）、蓇蓄属（*Polygonum*）、旋花属（*Convolvulus*），主要是世界广布科所包含的属，并且基本为灌木。

2. 泛热带分布

这一类型共有7属，占本区总属数的9.21%，有10种，占本区总种数的6.94%，主要有麻黄属（*Ephedra*）、枣属（*Ziziphus*）、醉鱼草属（*Buddleja*）等。说明贺兰山远离热带、亚热带地区，本区系泛热带属的数量较少，且多为单种属，为也说明热带成分在本区发育得一般。

3. 热带亚洲至热带大洋洲分布

此分布类型本区有1属1种，为臭椿属（*Ailanthus*）。说明本区系与热带亚洲至热带大洋洲分布这一类型关系甚远。

4. 北温带分布

本类型本区共有30属68种，占本区总属数的39.48%，占总种数的47.22%，远高于其他分布类型，在本区区系组成上占有重要地位。分别有柳属（*Salix*）、栒子属（*Cotoneaster*）、绣线菊属（*Spiraea*）、蔷薇属（*Rosa*）、蒿属（*Artemisia*）、忍冬属（*Lonicera*）、刺柏属（*Juniperus*）、委陵菜属（*Potentilla*）、小檗属（*Berberis*）、棘豆属（*Oxytropis*）、李属（*Prunus*）、杨属（*Populus*）、茶藨子属（*Ribes*）、枸杞属（*Lycium*）、苹果属（*Malus*）、槭属（*Acer*）、松属（*Pinus*）、云杉属（*Picea*）、山楂属（*Crataegus*）、榆属（*Ulmus*）、桑属（*Morus*）、桦木属（*Betula*）、何首乌属（*Fallopia*）、驼绒藜属（*Krascheninnikovia*）、地肤属（*Kochia*）、山茱萸属（*Cornus*）、越橘属（*Vaccinium*）、北极果属（*Arctous*）、风毛菊属（*Saussurea*）和荚蒾属（*Viburnum*），这些属主要隶属于世界广布科和温带分布科。其中，柳属（9种）、栒子属（8种）、绣线菊属（5种）、蔷薇属（4种）、忍冬属（4种）、蒿属（3种）是北温带分布类型的典型代表属，也是本区系的木本植物优势属，充分表明北温带成分对贺兰山木本植物区系植被组成占有重要的地位。

5. 东亚和北美间断分布

本类型贺兰山共有3属6种，占本区总属数的3.95%。分别为胡枝子属（*Lespedeza*）、蛇葡萄属（*Ampelopsis*）和罗布麻属（*Apocynum*）。

6. 旧世界温带分布

这一类型贺兰山有9属10种，占本区总属数的11.84%，占总种数的7.64%。有水柏枝属（*Myricaria*）、丁香属（*Syringa*）、拟芸香属（*Haplophyllum*）、沼委陵菜属（*Comarum*）、柽柳属（*Tamarix*）、木蓼属（*Atraphaxis*）、青兰属（*Dracocephalum*）和百里香属（*Thymus*）。

7. 温带亚洲分布

这一类型贺兰山分布有2属10种，占本区总属数的2.63%，占总种数的6.94%。为锦鸡儿属（*Caragana*）和亚菊属（*Ajania*），其中，锦鸡儿属是本类型中木本植物的代表属，其分布中心与亚洲干旱中心重合，是荒漠化草原、山地和荒漠的重要组成或建群植物。

8. 地中海区至中亚分布

此分布类型本区有7属10种，占本区总属数的9.21%，占本区总种数的6.94%。包括盐爪爪属（*Kalidium*）、白刺属（*Nitraria*）、驼蹄瓣属（*Zygophyllum*）、雀儿豆属（*Chesneya*）、半日花属（*Helianthemum*）、裸果木属（*Gymnocarpos*）和假木贼属（*Anabasis*）。这一分布类型基本上多为盐生和旱生植物，是本区系重要的物种组成，也反映了本区干旱的植物区系特征。

9. 中亚分布

本类型贺兰山有6属7种，占本区总属数的7.89%，占本区总种数的4.86%，有红砂属（*Reaumuria*）、沙冬青属（*Ammopiptanthus*）、合头草属（*Sympegma*）、紫菀木属（*Asterothamnus*）、短舌菊属（*Brachanthemum*）和女蒿属（*Hippolytia*）。这些属所包含的种类数量不多，但多是强旱生、旱生灌木半灌木，对本区生态环境具有极强的适应性，是本区系重要的物种组成成分，对于本区系生态环境的稳定有着至关重要的作用。

10. 东亚分布

本类型贺兰山仅有2属2种，占本区总属数的2.63%，总种数的1.39%。仅有野丁香属（*Leptodermis*）和莸属（*Caryopteris*）。

11. 中国特有分布

属本分布类型的贺兰山有3属3种。有虎榛子属（*Ostryopsis*）、四合木属（*Tetraena*）和文冠果属（*Xanthoceras*）。本区系特有程度总体较低。

综上所述，贺兰山木本植物具有明显的温带区系属性，尤以北温带分布型占绝对优势，有30属68种，占本区总属数的39.48%，占总种数的48.23%，远高于其他分布类型。本区系还与地中海区系、中亚区系有很深厚的历史渊源，是本区系的基本组成。中国特有的共3属，占本区总属数的3.95%。说明本区特有性不高。

四、贺兰山木本植物区系种的组成与分析

按照种的区系资料可将本区木本植物144种划分为5个分布类型（见表3-5），分别是泛北极分布种、古北极分布种、东古北极分布种、东亚分布种、古地中海分布种。其中泛北极分布种最少，仅有2种，占贺兰山全部木本植物的1.39%；古北极分布种有9种，占6.25%；东古北极分布种有18种，占12.54%；东亚分布种有48种，占33.33%；古地中海分布种最多，有67种，占46.53%。由此可见，贺兰山木本植物区系是东亚中生植物区系与西部地中海旱生植物区系的交汇处。

表3-5　贺兰山国家级自然保护区木本植物种的分布型

序号	分部型	种数	种占比 / %
1	泛北极分布种	2	1.39
2	古北极分布种	9	6.25
3	东古北极分布种	18	12.5
4	东亚分布种	48	33.33
5	古地中海分布种	67	46.53
	合计	144	100

1. 泛北极分布种

这一类型最少，仅有2种，占贺兰山全部木本植物的1.39%，分别是多腺悬钩子（*Rubus phoenicolasius*）与刺蔷薇（*Rosa acicularis*）。

2. 古北极分布种

这一类型贺兰山共有9种，占全部木本植物的6.25%；分别是西伯利亚铁线莲（*Clematis sibirica*）、库页悬钩子（*Rubus sachalinensis*）、石蚕叶绣线菊（*Spiraea chamaedryfolia*）、金丝桃叶绣线菊（*Spiraea hypericifolia*）、全缘栒子（*Cotoneaster integerrimus*）、黑果栒子（*Cotoneaster melanocarpus*）、钝叶鼠李（*Rhamnus maximovicziana*）、酸枣（*Ziziphus jujuba* var. *spinosa*）、白莲蒿（*Artemisia stechmanniana*）。

3. 东古北极分布种

这一类型贺兰山共有18种，占贺兰山所有木本植物的12.54%。分别是西伯利亚小檗、长瓣铁线莲（*Clematis macropetala*）、半钟铁线莲（*Clematis sibirica* var. *ochotensis*）、兴安胡枝子（*Lespedeza davurica*）、尖叶铁扫帚（*Lespedeza juncea*）、鬼箭锦鸡儿（*Caragana jubata*）、山刺玫（*Rosa davurica*）、三裂绣线菊（*Spiraea trilobata*）、毛山楂（*Crataegus maximowiczii*）、水栒子（*Lespedeza juncea*）、毛叶水栒子（*Cotoneaster submultiflorus*）、小叶鼠李（*Rhamnus parvifolia*）、旱榆（*Ulmus glaucescens*）、蒙桑（*Morus mongolica*）、崖柳（*Salix floderusii*）、百里香（*Thymus mongolicus*）、蒙古荚蒾（*Viburnum mongolicum*）、金花忍冬（*Lonicera chrysantha*）。

4. 东亚分布种

这一类型贺兰山有48种，占该地区木本总数的33.33%，分别是青海云杉（*Picea crassifolia*）、油松（*Pinus tabuliformis*）、圆柏（*Juniperus chinensis*）、杜松（*Juniperus rigida*）、置疑小檗（*Berberis dubia*）、灌木铁线莲（*Clematis fruticosa*）、瘤糖茶藨子（*Ribes himalense* var. *verruculosum*）、美丽茶藨子（*Ribes pulchellum*）、乌头叶蛇葡萄（*Ampelopsis aconitifolia*）、多花胡枝子（*Lespedeza floribunda*）、牛枝子（*Lespedeza potaninii*）、甘蒙锦鸡儿（*Caragana opulens*）、狭叶锦鸡儿（*Caragana stenophylla*）、美蔷薇（*Rosa bella*）、金露梅（*Potentilla fruticosa*）、银露梅（*Potentilla glabra*）、山杏（*Prunus sibirica*）、毛樱桃（*Prunus tomentosa*）、楼斗菜叶绣线菊（*Spiraea aquilegiifolia*）、蒙古绣线菊（*Spiraea mongolica*）、花叶海棠（*Malus transitoria*）、准噶尔栒子（*Cotoneaster soongoricus*）等。

5. 古地中海分布种

这一类型该地区分布最多，有67种，占贺兰山所有木本植物的46.53%；分别是叉子圆柏（*Juniperus sabina*）、木贼麻黄（*Ephedra equisetina*）、中麻黄（*Ephedra intermedia*）、膜果麻黄（*Ephedra przewalskii*）、沙冬青（*Ammopiptanthus mongolicus*）、矮脚锦鸡儿（*Caragana brachypoda*）、荒漠锦鸡儿（*Caragana roborovskyi*）、毛刺锦鸡儿（*Caragana tibetica*）、猫头刺（*Oxytropis aciphylla*）、线叶柳（*Salix wilhelmsiana*）、一叶萩（*Flueggea suffruticosa*）、小果白刺（*Nitraria sibirica*）、白刺（*Nitraria tangutorum*）、针枝芸香（*Haplophyllum tragacanthoides*）、半日花（*Helianthemum songaricum*）、红砂（*Reaumuria soongarica*）、黄花红砂（*Reaumuria trigyna*）、多枝怪柳（*Tamarix ramosissima*）、宽苞水柏枝（*Myricaria bracteata*）、宽叶水柏枝（*Myricaria platyphylla*）、锐针木蓼（*Atraphaxis pungens*）、圆叶蓼（*Polygonum intramongolicum*）、裸果木（*Gymnocarpos przewalskii*）、驼绒藜（*Krascheninnikovia ceratoides*）、尖叶盐爪爪（*Kalidium cuspidatum*）星毛短舌菊（*Brachanthemum pulvinatum*）、贺兰山女蒿（*Hippolytia kaschgarica*）等。

五、贺兰山木本植物区系的特点

1. 物种较为贫乏，优势现象显著

贺兰山木本植物区系有144种，隶属于38科75属；其中裸子植物3科4属9种；被

子植物35科71属135种。宁夏有野生木本植物51科128属440种（含4亚种52变种7变型），贺兰山木本植物总种数占宁夏木本植物的32.73%，由此可见，贺兰山东麓木本植物种数较为贫乏。

区系优势现象明显，优势科有7科85种，占总科数的18.42%，占总种数的59.03%。以蔷薇科、豆科、菊科、杨柳科为主；少数的科包含了大多数的物种，物种在科间的分布极不均匀。

2. 地理成分复杂，以温带成分为主

贺兰山木本植物区系属的分布类型有11个，表明植物区系地理成分复杂多样，而在本区和植被中以温带属起主导作用，尤以北温带分布型占绝对优势，有30属68种，占本区总属数的39.48%，占总种数的47.22%，远高于其他分布类型，在本区区系组成上占主导地位，这与本区所处的地理位置及气候环境相符合。因此，贺兰山植物区系应属于温带性质，东亚植物区系成分广泛渗透，并且具有古地中海及亚洲中部荒漠成分。

3. 区系具有过渡性

贺兰山坐落于蒙古草原植物区系和亚洲中部荒漠植物区系的交汇处，东南邻近华北平原、黄土高原植物区系，西南邻接青藏高原植物区系。因此自蒙古高原、青藏高原、华北平原以及其他区系的植物成分在此汇集并且相互渗透；加上贺兰山山体巨大、高耸，造就了贺兰山地形复杂多变，垂直分异明显，生态类型多样，为这些来自不同区系的植物提供了适宜生存的环境条件。

4. 特有种缺乏

贺兰山木本植物区系特有性不高，中国分布特有属仅有3个，分别是华北特有属虎榛子属（*Ostryopsis*）、华北和东北特有属文冠果属（*Xanthoceras*）、西鄂尔多斯特有属四合木属（*Tetraena*），占总属数的3.95%。这主要是由于贺兰山是相对独立的自然单元。

5. 珍稀濒危植物较少

根据2021年《国家重点保护野生植物名录》，贺兰山有国家重点保护野生木本植物6种，隶属于6科6属，分别是：麻黄科斑子麻黄（*Ephedra rhytidosperma*）、蔷薇科蒙古扁桃（*Prunus mongolica*）、豆科沙冬青（*Ammopiptanthus mongolicus*）、蒺藜科四合木（*Tetraena mongolica*）、半日花科半日花（*Helianthemum songaricum*）、茄科黑果枸杞（*Lycium ruthenicum*）。这些濒危植物生长环境脆弱，随着全球气候变化和土地利用方式的改变，都存在灭绝的风险，急需开展基础研究工作，制订相应科学的保护策略。

第四章

贺兰山木本
植物各论

麻黄科 Ephedraceae

麻黄属 *Ephedra* Tourn. et L.

木贼麻黄 *Ephedra equisetina* Bge.

　　直立灌木。高达1m。叶2裂，大部合生，仅上部约1/4分离，裂片短三角形。雄球花单生或3~4个集生于节上，卵圆形，苞片3~4对，基部约1/3合生，假花被近圆形，雄蕊6~8枚，花丝全部合生，微外露；雌球花常2个对生于节上，狭卵圆形，苞片3对，最上1对苞片约2/3合生，雌花1~2朵，珠被管稍弯曲。雌球花成熟时肉质红色，具短梗。种子1粒。

　　生于海拔1500~2300m的山脊、沟谷和石缝中。东、西两坡均有分布。分布于河北、山西、宁夏、内蒙古、陕西、甘肃和新疆等省区。

　　药用价值　茎（麻黄）：辛、微苦，温；可发汗散寒，宣肺平喘，利水消肿；用于治疗风寒感冒，胸闷喘咳水肿，痰喘咳嗽，哮喘。根（麻黄根）：甘，平；可止汗；用于治疗盗汗。

中麻黄 *Ephedra intermedia* **Schrenk ex Mey.**

　　灌木。高20～100 cm。茎直立，粗壮，基部多分枝。叶3裂，常混生有2裂，下部2/3合生成鞘状。雄球花无梗，数个密集于节上成团状，雄蕊5～8枚，花丝全部合生；雌球花2～3朵成簇，仅基部合生，边缘窄膜质，最上一轮苞片有2～3朵雌花，雌花的珠被管长达3 mm，旋状弯曲。雌球花成熟时肉质红色，种子不外露。

　　生于海拔1 100～1 600 m的山地干谷和山麓。见于东坡麻黄沟、汝箕沟等地。分布于辽宁、内蒙古、河北、山东、宁夏、山西、陕西、甘肃、青海及新疆等省区。

　　药用价值　茎（麻黄）：辛、微苦，温；发汗散寒，可宣肺平喘，利水消肿；用于治疗风寒感冒，胸闷喘咳水肿，痰喘咳嗽，哮喘。根（麻黄根）：甘，平；可止汗；用于治疗盗汗。

膜果麻黄 *Ephedra przewalskii* Stapf

灌木。高 50~240 cm。木质茎明显，小枝节间粗长。叶常 3 裂，混生有少数 2 裂，膜质，裂片三角形。球花无梗，复穗状花序；雄球花淡褐色，近圆球形，膜质，中央有绿色草质肋，仅基部合生，假花被宽扁呈蚌壳状，雄蕊 7~8 枚，花丝大部合生；雌球花近圆球形，淡绿褐色，干燥膜质，最上 1 轮苞片各生 1 朵雌花，珠被管伸出苞片之外；雌球花成熟时苞片增大成半透明薄膜状，淡棕色；种子 3 粒。

生于干旱山坡、沙地及砂石盐碱地上，仅见于麻黄沟。分布于内蒙古、宁夏、甘肃、青海及新疆等省区。

药用价值 茎（麻黄）：辛、微苦，温；发汗散寒，可宣肺平喘，利水消肿；用于治疗风寒感冒，胸闷喘咳水肿，痰喘咳嗽，哮喘。根（麻黄根）：甘，平；可止汗；用于治疗盗汗。

斑子麻黄 *Ephedra rhytidosperma* Pachom.

垫状小灌木。高5～40 cm。叶极小，膜质鞘状，中部以下合生，上部2裂，裂片宽三角形。雄球花在节上对生，假花被倒卵圆形；雌球花单生，具2对苞片，雌花2朵，假花被粗糙，具横裂碎片状细密突起，珠被管先端斜直。种子2粒，1/3露出苞片，黄棕色，背部中央及两侧边缘有明显突起的纵肋，肋间及腹面有横裂碎片状细密突起。

生于海拔1600 m以下的石质山坡和洪积扇。见于东、西坡中南部。为贺兰山特有种，可形成灌丛群落。分布于宁夏、甘肃和内蒙古。

松科 Pinaceae

云杉属 *Picea* A. Dietr.

青海云杉 *Picea crassifolia* Kom.

常绿乔木。高达23m。树皮灰褐色，成块状脱落。叶在枝上螺旋状着生，四棱状条形，先端钝。球果圆柱形，单生枝端，成熟后褐色；种鳞倒卵形，先端圆；种子斜倒卵圆形；种翅倒卵状。花期5月，球果9—10月成熟。

贺兰山寒性针叶林建群种。生于海拔2100～3100m的山地阴坡、半阴坡及沟谷中。常见于东、西两坡中部山体。分布于内蒙古、宁夏、甘肃及青海等省区。

药用价值 果实：辛、苦，温；可止咳祛痰，理气止痛。

松属 *Pinus* L.

油松 *Pinus tabuliformis* Carr.

　　常绿乔木。高达25m。树皮灰褐色，裂成较厚的不规则鳞片状。针叶2针一束；叶鞘宿存。雄球花圆柱形，在新枝下部聚生成穗状。球果卵形；种鳞近矩圆状倒卵形，鳞盾肥厚，鳞脐具刺。种子卵圆形，具披针形翅。花期5月，球果第二年10月成熟。

　　贺兰山温性针叶林建群种之一。生于海拔1900~2300m的阴坡、半阴坡，成纯林或混交林；东坡生于汝箕沟与红石峡沟之间的山体；西坡仅见于北寺沟、水磨沟。分布于吉林、辽宁、河北、河南、山东、山西、内蒙古、陕西、宁夏、甘肃、青海和四川等省区。

　　药用价值　根（松根）：苦，温；祛风，燥湿，可舒筋，通络；用于治疗风湿骨痛，风痹，跌打损伤，外伤出血，痔疮。节（油松节）：苦，温；祛风除湿，可活络止痛；用于治疗风湿关节痛，腰腿痛，骨痛，跌打肿痛。叶（松针）：苦、涩，温；祛风活血，可安神，解毒止痒；用于治疗感冒，风湿关节痛，跌打肿痛，高血压；外用于治疗冻疮，湿疹，疥癣。树皮（松树皮）：苦、涩，温；可收敛止血；用于治疗筋骨损伤，外用可治疗疮疖初起，头癣，瘾疹烦痒，金疮出血。果实（松果）：苦，温；用于治疗风痹，肠燥便难，痔疮。种子（松子仁）：甘，温；可润肺，滑肠；用于治疗肺燥咳嗽，慢性便秘。花粉（松花粉）：燥湿，收敛，可止血；用于治疗金疮出血，皮肤湿疹。

柏科 Cupressaceae

刺柏属 *Juniperus* L.

圆柏 *Juniperus chinensis*（L.）Ant.

常绿乔木。高达20 m。树冠塔形。树皮深灰褐色，纵向条裂。叶二型，具刺叶和鳞叶。雌雄异株；雄球花椭圆形，雄蕊5~7对，常有3~4个花药。球果近圆球形，常具2~3粒种子。种子卵圆形，扁，有棱脊及少数树脂槽。

生于海拔2400 m左右山地半阳坡，仅见于哈拉乌北沟。除东北及新疆、青海外，广泛分布。

药用价值 树皮、枝叶（桧叶）：苦、辛，温；有小毒；祛风散寒，可活血消肿，解毒，利尿；用于治疗风寒感冒，风湿关节痛，小便淋痛，瘾疹。

杜松 *Juniperus rigida* Sieb. et Zucc.

常绿灌木或乔木。高达10 m。叶为刺叶，3叶轮生，条形，先端锐尖。雄球花椭圆形。球果圆球形，成熟时淡褐色或蓝黑色。种子近卵形，有4条不明显的棱脊。

生于海拔1 600~2 500 m的山坡、沟谷。分布于黑龙江、吉林、辽宁、内蒙古、河北、山西、陕西、甘肃和宁夏。

药用价值 果实（杜松实）：辛，温；可发汗，利尿，祛风除湿，镇痛；用于治疗小便淋痛，水肿，风湿关节痛。

叉子圆柏 *Juniperus sabina* L.

匍匐灌木。高不及1 m。枝皮灰褐色，呈薄片状剥落。叶二型。球花单性，雌雄异株；雄球花椭圆形，各具2~4个花药。球果多为倒三角状球形，生于向下弯曲的小枝顶端，成熟时褐色至黑色。种子卵圆形，具纵脊与树脂槽。

生于海拔1 800~2 600 m的山坡、沟谷、林缘。东、西两坡中部均有分布，能够形成灌丛群落。分布于新疆、内蒙古、宁夏、青海、甘肃和陕西。

药用价值 枝、叶、果实：苦，平；祛风镇静，可活血止痛；用于治疗风湿关节痛，小便淋痛，迎风流泪，头痛，视物不清。

小檗科 Berberidaceae

小檗属 *Berberis* L.

置疑小檗 *Berberis dubia* C.K. Schneid.

　　落叶灌木。高1～3m。老枝灰黑色，稍具棱槽和黑色疣点；茎刺单生或三分叉。叶纸质，狭倒卵形，无毛，叶缘平展，每边具6～14个细刺齿。总状花序由5～10朵花组成；花黄色；小苞片披针形，先端急尖；萼片2轮，外萼片卵形，内萼片阔倒卵形；花瓣椭圆形，短于内萼片，先端浅缺裂，基部楔形，具2个腺体；胚珠2枚。浆果倒卵状椭圆形，红色。花期5—6月，果期8—9月。

　　生于海拔1500～2600m的山坡、林缘及山谷河滩地。见于东坡苏峪口沟、黄旗口沟、插旗口沟、大口子沟、小口子沟、汝箕沟；西坡哈拉乌沟、水磨沟、峡子沟、北寺沟、南寺沟、赵池沟、镇木关沟等。分布于内蒙古、甘肃、宁夏、青海等省区。

　　药用价值　根皮、茎皮：苦，寒；清热解毒；用于治疗目赤，咽喉痛，泄泻，痢疾，痈疽肿毒。

西伯利亚小檗 *Berberis sibirica* Pall.

　　落叶灌木。高 0.5～1.0 m。老枝灰黄色，树皮常片状剥落；刺 5 分叉，黄绿色，背面具沟槽。叶形多变化，椭圆形、长椭圆形或卵形，边缘疏生细刺状粗锯齿，每边具齿不超过 10 个，两面绿色，背面网脉明显，边缘稍反卷，无毛。花单生；萼片 2 轮，外萼片长圆状卵形，内萼片倒卵形；花黄色，花瓣倒卵形，先端浅缺裂；浆果倒卵形，红色。

　　生于海拔 1 600～2 000 m 的干旱石质山坡或石质坡地。见于东坡苏峪口沟、黄旗口沟、甘沟、汝箕沟；西坡少见。分布于内蒙古、宁夏、新疆、河北、山西及东北地区。

　　药用价值　根、根皮：苦，寒；清热燥湿；用于治疗痢疾，泄泻。

毛茛科 Ranunculaceae

铁线莲属 *Clematis* L.

灌木铁线莲 *Clematis fruticosa* Turcz.

　　直立灌木。高达1 m。单叶对生或在短枝上簇生，叶片长椭圆形，边缘具少数裂片状尖锯齿，基部2裂片较大。花单生叶腋或成含3朵花的聚伞花序；萼片4枚，椭圆形，常具1个角状尖，全缘，背部中间黄褐色，无毛，边缘黄色；雄蕊花丝披针形。瘦果卵形。花期7—8月，果期8—9月。

　　生于海拔1200～2000 m的干旱山坡或山麓。见于东坡汝箕沟、龟头沟、大水沟、甘沟；西坡见峡子沟、赵池沟。分布于甘肃、陕西、宁夏、山西、河北和内蒙古。

长瓣铁线莲 *Clematis macropetala* Ledeb.

　　木质藤本。长约2 m。二回三出复叶，小叶片卵状披针形，常偏斜，边缘中部具不整齐的裂片状锯齿。花单生于当年生短枝顶端，花萼钟形，萼片4枚，蓝色或淡蓝紫色，狭卵形；退化雄蕊花瓣状，披针形，外面密被绒毛；雄蕊花丝线形；心皮倒卵形。瘦果卵状披针形。花期5—6月，果期6—7月。

　　生于海拔1 400~2 600 m的山地沟谷灌丛、林缘及林中。见于东坡苏峪口沟、黄旗口沟、贺兰口沟、大水沟、插旗口沟；西坡哈拉乌沟、南寺沟、强岗岭等。分布于青海、宁夏、甘肃、陕西、山西和河北。

　　药用价值　茎：可利尿通淋。全草：可消食健胃，散结。

小叶铁线莲 *Clematis nannophylla* **Maxim.**

直立灌木。高30～100 cm。单叶对生或数叶簇生，叶片轮廓卵形，羽状全裂，裂片再作羽状深裂，裂片或小裂片为椭圆形至宽倒楔形或披针形。花单生枝条顶端叶腋或为3朵花的聚伞花序；萼片4枚，椭圆形，边缘黄色；花丝披针形。瘦果狭卵形。花期7—9月，果期9—10月。

生于海拔1 400～1 800 m的石质山坡、砾石滩地，见于三关口。分布于陕西、青海、甘肃和宁夏。

西伯利亚铁线莲 *Clematis sibirica*（L.）Mill.

亚灌木，长3m。二回三出复叶，小叶片或裂片9枚，卵状椭圆形，纸质，两侧的小叶片常偏斜。单花，花钟状下垂，萼片4枚，淡黄色，长方椭圆形；退化雄蕊呈花瓣状，条形，花丝扁平。瘦果倒卵形，宿存花柱有黄色柔毛。花期6—7月，果期7—8月。

生于海拔2 000～2 300 m的林缘和沟谷灌丛。见于西坡哈拉乌北沟和南寺沟。分布于黑龙江、吉林、内蒙古、河北、山西、甘肃、宁夏、青海、新疆。

药用价值　茎、根：可清心火，泄湿热，通血脉。

半钟铁线莲

***Clematis sibirica* var. *ochotensis*（Pall.）S. H. Li & Y. H. Huang**

　　木质藤本。三出复叶至二回三出复叶；小叶片3~9枚，窄卵状披针形至卵状椭圆形，常全缘，上部边缘有粗牙齿，侧生的小叶常偏斜。花单生于当年生枝顶，萼片4枚，钟状，淡蓝色，长方椭圆形至狭倒卵形；退化雄蕊成匙状条形，长约为萼片之半或更短；雄蕊短于退化雄蕊；心皮30~50枚，被柔毛。瘦果倒卵形。花期5—6月，果期7—8月。

　　生于海拔2000~2300 m的林缘和沟谷灌丛。仅见于西坡哈拉乌北沟。分布于河北、黑龙江、吉林、内蒙古、山西。

刘冰／摄

甘青铁线莲 *Clematis tangutica* （Maxim.）Korsh.

木质藤本。长1~4 m。一回羽状复叶，具5~7枚小叶，小叶基部常2~3裂。花单生叶腋或为聚伞花序，具3朵花；萼片4枚，椭圆形，黄色；花丝扁平带状，花药无毛；子房密生柔毛。瘦果狭卵形。花期6—9月，果期9—10月。

生于海拔1 200~2 600 m的砾石质河滩。仅见于东坡苏峪口沟。分布于新疆、西藏、四川、青海、甘肃、陕西和宁夏。

药用价值　藤茎：可消炎，清热，通经；用于治疗消化不良，痞块食积，腹泻。

茶藨子科 Grossulariaceae

茶藨子属 *Ribes* L.

瘤糖茶藨子 *Ribes himalense* var. *verruculosum* （Rihder） L.T.Lu

灌木。高1~2m。叶肾形，5裂，裂片先端短渐尖，基部深心形，边缘具不规则的重锯齿。总状花序；萼片5枚，倒卵状矩圆形，红色，顶端圆钝，具缘毛；花瓣小；雄蕊5枚；花柱1个，柱头2裂，稍短于萼片而与雄蕊近等长。浆果球形。花期5—6月，果期6—7月。

生于海拔2 000~2 700 m的林缘、林下及沟谷灌丛中。见于东坡苏峪口沟、黄旗口沟、插旗口沟、贺兰口沟；西坡哈拉乌沟、水磨沟、南寺沟、北寺沟、强岗梁等。分布于内蒙古、河北、河南、山西、陕西、甘肃、青海、宁夏、西藏、四川、云南。

药用价值　茎枝（糖茶蕙）、果实：甘、涩、平。可解毒，清热。用于治疗肝炎。

美丽茶藨子 *Ribes pulchellum* Turcz.

灌木。高1.0~2.5 m。叶近圆形，3深裂，裂片先端尖，边缘具锯齿。花单性，雌雄异株，总状花序生短枝上；萼片5枚，宽卵形，淡红色；花瓣5枚，鳞片状；雄蕊5枚；子房下位，花柱1个，柱头2裂。浆果近圆形。花期6月，果期8月。

生于海拔1 500~2 600 m的灌丛和林缘。见于东坡苏峪口沟、黄旗口沟、贺兰口沟、小口子沟、甘沟、大水沟、汝箕沟；西坡哈拉沟、水磨沟、南寺沟、北寺沟、峡子沟、镇木关沟等。分布于青海、内蒙古、北京、陕西、甘肃、山西、宁夏、河北等省区。

药用价值 茎枝（糖茶藨）、果实：甘、涩，平；可解毒，清热；用于治疗肝炎。

葡萄科 Vitaceae

蛇葡萄属 *Ampelopsis* Michx.

乌头叶蛇葡萄 *Ampelopsis aconitifolia* Bge.

木质藤本。小枝微具纵条棱。掌状复叶，具 3~5 枚小叶，小叶片菱形或宽卵形，羽状深裂几达中脉，裂片全缘或具不规则的粗长齿。二歧聚伞花序与叶对生；花萼盘状，边缘全缘或具 5 个不明显的圆钝裂片；花瓣 5 枚，狭卵形；雄蕊 5 枚，与花瓣对生且较花瓣短；花盘浅杯状，边缘截形；花柱单一。浆果近球形，橙黄色。花期 6 月，果期 7 月。

生于沟边或山坡灌丛或草地；见于东坡插旗口沟、小口子沟；西坡北寺沟。分布于内蒙古、河北、甘肃、陕西、山西、宁夏、河南。

药用价值 根皮：涩、微辛，平；散瘀消肿，可祛腐生肌；用于治疗骨折，跌打损伤，痛肿，风湿关节痛。

蒺藜科 Zygophyllaceae

驼蹄瓣属 *Zygophyllum* L.

霸王 *Zygophyllum xanthoxylon* （Bge.） **Maxim.**

灌木。高50～100 cm。复叶具2片小叶，小叶肉质，线形或匙形，先端圆，基部渐狭。花单生叶腋，黄白色，萼片4枚，倒卵形，绿色，边缘膜质；花瓣4枚，倒卵形或近圆形，先端圆，基部渐狭成爪；雄蕊8枚，较花瓣长；子房3室。蒴果通常具3个宽翅，宽椭圆形或近圆形。花期4—5月，果期5—9月。

生于干旱石质山坡或半固定沙丘上，见于东坡石炭井、汝箕沟、龟头沟、三关口；西坡山麓。分布于内蒙古、宁夏、甘肃、新疆、青海。

药用价值 根：辛，温；行气散满；用于治疗腹胀。

四合木属 *Tetraena* Maxim.

四合木 *Tetraena mongolica* **Maxim.** ─────────────

　　小灌木。高40~80 cm。叶在老枝上近簇生，在嫩枝上为2枚小叶，肉质，倒披针形，顶端圆形，具小突尖，基部楔形，全缘。花单生叶腋，花梗密被叉状毛；萼片4枚，卵形；花瓣4枚，白色，椭圆形或倒卵形；雄蕊8枚，外轮4枚与花瓣近等长，内轮4枚长于花瓣；子房上位，4室，被毛，花柱单一。蒴果4瓣裂。花期5—6月，果期7—8月。

　　生于北部荒漠化较强的石质丘陵及覆沙坡地。见于东坡落石滩；西坡楚洛温格其太以北。分布于内蒙古和宁夏。

豆科 Leguminosae

沙冬青属 *Ammopiptanthus* Cheng f.

沙冬青 *Ammopiptanthus mongolicus*（Maxim. ex Kom.）Cheng f. ——————

　　常绿灌木。高 1.5～2.0 m。掌状三出复叶；托叶小，锥形，贴生于叶柄而抱茎；小叶长椭圆形、倒卵状椭圆形、菱状椭圆形或椭圆状披针形。总状花序顶生；萼钟形，萼齿 4 个；花冠黄色。荚果长椭圆形，扁平，先端具喙。花期 4—5 月，果期 5—6 月。

　　生于石质低山丘陵或沟谷沙地。见于东坡汝箕沟、道路沟、石炭井等；西坡见古拉东北和峡子沟以南低山带。分布于内蒙古、宁夏和甘肃等省区。

　　药用价值　茎叶（沙冬青）：有毒；可祛风湿，活血，散瘀；用于治疗风湿痛，冻疮。

胡枝子属 *Lespedeza* Michx.

兴安胡枝子 *Lespedeza davurica*（Laxim.）Schindl.

　　半灌木。高可达1m。茎单一或数条丛生。羽状三出复叶，顶生小叶较侧生小叶大，矩圆状长椭圆形，先端圆，具小尖头；托叶刺芒状；总状花序叶腋生，较叶短或与叶等长；花萼钟形，萼齿5个，披针形，长为萼筒的2.5倍；花冠黄白色。荚果倒卵状矩圆形，具网纹。花期6—8月。果期9—10月。

　　生于海拔1 500~2 000 m的石质山坡、沟谷及灌丛。见于东坡苏峪口沟、大水沟、小口子沟、插旗口沟；西坡峡子沟等。分布于东北、华北经秦岭淮河以北至西南各省区。

多花胡枝子 *Lespedeza floribunda* Bge.

小灌木。高30~60（100）cm。羽状三出复叶，顶生小叶较大，倒卵状披针形或狭倒卵形；托叶刺芒状。总状花序腋生，总花梗较叶长；小苞片长卵形；萼钟形，萼齿5个，披针形，长为萼筒的2倍，花冠紫红色。荚果卵形，具网纹。花期8—9月，果期9—10月。

生于海拔2 000 m的左右石质山坡。见于东坡黄旗口沟、大水渠沟、小口子沟、大水沟。分布于辽宁、河北、河南、山西、陕西、甘肃、青海、宁夏、山东、江苏、安徽、江西、福建、湖北、广东、四川等省区。

药用价值 全草（铁鞭草）：涩，凉；可消积，散瘀；用于治疗疳积，疟疾。

尖叶铁扫帚 *Lespedeza juncea*（L. f.）**Pers.**

　　半灌木。高可达1m。茎具棱。羽状三出复叶；托叶线形；顶生小叶较侧生小叶大，狭矩圆形或矩圆状倒披针形，叶先端具小尖头，基部楔形。总状花序叶腋生，与叶等长或稍长；花萼钟形，萼齿5个，卵状披针形，长为萼筒的2倍；花冠白色。荚果倒卵形。花期7—8月，果期8—9月。

　　生于山地沟谷灌丛中。仅见于东坡小口子沟。分布于黑龙江、吉林、辽宁、内蒙古、河北、山西、山东、甘肃及宁夏等省区。

牛枝子 *Lespedeza potaninii* Vass.

半灌木。高 20～60 cm。茎斜升或平卧，基部多分枝，有细棱，被粗硬毛。托叶刺毛状；羽状复叶具 3 枚小叶，小叶狭长圆形，稀椭圆形至宽椭圆形，先端钝圆或微凹，具小刺尖，基部稍偏斜。总状花序腋生；总花梗长，明显超出叶；花疏生；花萼密被长柔毛，5 深裂，裂片披针形，先端长渐尖，呈刺芒状；花冠黄白色，稍超出萼裂片，旗瓣中央及龙骨瓣先端带紫色。荚果倒卵形。花期 7—9 月，果期 9—10 月。

生于海拔 2 000 m 以下的石质山坡及丘陵。见于东坡苏峪口沟、大水沟、黄旗口沟。分布于辽宁、内蒙古、河北、山西、陕西、宁夏、甘肃、青海、西藏、山东、江苏、河南、四川、云南等省区。

锦鸡儿属 *Caragana* Lam.

矮脚锦鸡儿 *Caragana brachypoda* Pojark.

灌木。高 20～30 cm。小叶 4 枚，假掌状着生，狭倒卵形，先端急尖或圆钝，具小刺尖，基部楔形，两面被柔毛，上面稍密。花单生；花梗短，基部具关节；花萼管状钟形，基部偏斜，呈浅囊状，带紫红色，萼齿三角形边缘被柔毛；花冠黄色。荚果披针形。花期 5 月。

生于山麓草原化荒漠。见于东坡苏峪口沟、北段洪积扇；西坡山麓较为常见。分布于内蒙古、宁夏和甘肃。

鬼箭锦鸡儿 *Caragana jubata*（**Pall.**）**Poir.**

灌木，高0.3~2.0m。直立或伏卧地面成垫状，多分枝。叶密生，叶轴宿存并硬化成针刺，灰白色；托叶锥形，先端成刺状，被白色长柔毛；小叶4~6对，羽状着生，长椭圆形或倒卵状长椭圆形。花单生，近无梗；花萼筒状，萼齿卵形；花冠淡红色或白色。荚果长椭圆形，密生长柔毛。花期5—6月，果期6—7月。

生于海拔2700~3400m的亚高山、高山灌丛或草甸。主峰和山脊两侧均有分布。分布于华北、西北及四川等省区。

药用价值 根皮及茎叶：甘，平；可接筋续断，祛风除湿，活血通络，消肿止痛；用于治疗跌打损伤，风湿筋骨痛，月经不调，乳房发炎。

甘蒙锦鸡儿 *Caragana opulens* Kom.

矮灌木。高40～60 cm。托叶硬化成针刺，假掌状着生，具叶轴，先端成针刺；小叶卵状倒披针形，先端急尖，具硬刺尖。花单生叶腋；花梗中部以上具关节；花萼筒状钟形，萼齿三角形，基部偏斜；花冠黄色。荚果线形，膨胀，无毛。花期5—6月，果期7—8月。

生于海拔1 700～2 100 m的石质山坡或丘陵。见于东坡苏峪口沟、甘沟、黄旗口沟、小口子沟、大口子沟；西坡峡子沟、赵池沟、锡叶沟。分布于内蒙古、山西、陕西、甘肃、青海、宁夏及四川等省区。

荒漠锦鸡儿 *Caragana roborovskyi* Kom.

矮灌木。高0.3~1.0m。树皮黄色，条状剥落。托叶膜质，三角状披针形；叶轴全部宿存并硬化成刺；小叶4~6对，羽状着生，倒卵形或倒卵状披针形。花单生；萼筒形，萼齿三角状披针形；花冠黄色。荚果圆筒形，密被柔毛。花期4—5月，果期6—7月。

生于干旱山坡或山麓石砾滩地、山谷间干河床。东、西两坡均有分布。分布于内蒙古、甘肃、青海、宁夏、新疆等省区。

狭叶锦鸡儿 *Caragana stenophylla* Pojark.

灌木。高30~80 cm。小叶假掌状着生，线状倒披针形，先端急尖，具小尖头，基部渐狭，两面无毛或疏被柔毛。花单生；近中部具关节；花萼钟形，基部偏斜，萼齿宽三角形，先端具尖头；花冠黄色。荚果线形，膨胀，成熟时红褐色。花期6—7月，果期7—8月。

生于海拔1 500~2 300 m的干河床或石质山坡。东、西两坡均有分布。分布于东北、华北及陕西、甘肃、宁夏、新疆等省区。

药用价值 花：可祛风，平肝，止咳。

毛刺锦鸡儿 *Caragana tibetica* Kom.

灌木。高20~30 cm。茎分枝多，密集。叶具3~4对小叶，小叶线状长椭圆形，先端尖，具小刺尖，两面密被长柔毛。叶轴宿存并硬化成针刺；托叶卵形。花单生，几无梗；花萼筒形，萼齿卵状披针形，长为萼筒的1/4；花冠黄色。荚果短，椭圆形，外面密被长柔毛。花期5—7月。

生于海拔 1 500~2 300 m 的石质山坡或沟谷灌丛。见于东坡苏峪口沟、黄旗口沟、拜寺口沟、插旗口沟、大水沟、汝箕沟；西坡哈拉乌沟、水磨沟、北寺沟、南寺沟、峡子沟等。分布于内蒙古、陕西、甘肃、青海、宁夏、西藏、四川等省区。

药用价值 根：用于治疗关节痛。花：用于治疗头晕。

雀儿豆属 *Chesneya* Lindl. ex Endl.

大花雀儿豆 *Chesneya macrantha* Cheng f. ex H. C. Fu

半灌木。高5~10 cm。茎极短缩。羽状复叶有7~9片小叶；托叶近膜质，卵形，宿存；叶柄和叶轴疏宿存并硬化呈针刺状；小叶椭圆形或倒卵形。花单生；花萼管状，基部一侧膨大呈囊状，萼齿线形，与萼筒近等长；花冠紫红色。花期6月，果期7月。

生于干旱山坡。见于东坡三关口；西坡峡子沟、南寺沟等。分布于内蒙古和宁夏。

棘豆属 *Oxytropis* DC.

猫头刺 *Oxytropis aciphylla* Ledeb.

矮小半灌木。高8~20 cm。地上茎短而多分枝呈垫状。偶数羽状复叶，叶轴先端成刺，具小叶2~3对；小叶线形，先端成硬刺尖。总状花序叶腋生，总花梗短，常具2朵花；苞片披针形；花萼筒形，萼齿锥形；花冠呈蓝紫色，龙骨瓣先端具喙。荚果矩圆形。花期5—6月，果期6—7月。

生于海拔1 400~2 300 m的干旱石质山坡、石质滩地及沟谷。东、西两坡均有分布。分布于河北、内蒙古、陕西、宁夏、甘肃、青海、新疆等省区。

药用价值 全草：用于治疗脓疮。

胶黄芪状棘豆 *Oxytropis tragacanthoides* Fisch.

球形垫状矮灌木。高5~30 cm。茎很短，分枝多。奇数羽状复叶，小叶7~11（13）枚，椭圆形、长圆形、卵形或线形。短总状花序由2~5朵花组成；总花梗较叶短；苞片线状披针形；花萼筒状，萼齿线状钻形；花冠紫色或紫红色。荚果球状卵形。花期6~8月，果期7—8月。

生于海拔1 800~2 200 m的干旱石质山地或山地河谷砾石沙土地。见于东坡汝箕沟；西坡峡子沟。分布于甘肃、宁夏、青海和新疆等省区。

蔷薇科 Rosaceae

悬钩子属 *Rubus* L.

多腺悬钩子 *Rubus phoenicolasius* Maxim.

灌木。高1~3m。枝密生红褐色刺毛、腺毛和稀疏皮刺。小叶3枚，稀5枚，卵形、宽卵形或菱形，顶端急尖至渐尖，基部圆形至近心形，边缘具不整齐粗锯齿，顶生小叶常浅裂；侧生小叶近无柄。花较少数，形成短总状花序，顶生或部分腋生；花萼外面密被柔毛、刺毛和腺毛；萼片披针形，顶端尾尖；花瓣直立，倒卵状匙形或近圆形，紫红色，基部具爪并有柔毛。果实半球形，红色，无毛。花期5—6月，果期7—8月。

生于海拔2 600~2 900 m林下或林缘。见于西哈拉乌沟。分布于甘肃、宁夏、青海、陕西、山东、山西、河南、湖北、四川。

药用价值 根、叶：辛，温；可解毒，补肾，活血止痛，祛风除湿；用于治疗风湿骨痛，跌打损伤。

刘冰／摄

库页悬钩子 *Rubus sachalinensis* Lévl.

灌木。高 0.6~2.0 m。茎直立，幼枝紫褐色，被柔毛及腺毛和密的皮刺。羽状三出复叶，具小叶 3 枚，稀具 5 枚，小叶片卵形至卵状披针形，先端短渐尖，基部圆形或近心形，边缘具缺刻状粗锯齿。伞房花序顶生或腋生，具 5~9 朵花，稀单花；萼片长三角形；花瓣白色，舌形或匙形。聚合果红色。花期 6—7 月，果期 8—9 月。

生于海拔 2 000~2 800 m 的林下、林缘或沟谷石缝中。见于东坡插旗口沟、苏峪口沟；西坡水磨沟、哈拉乌沟、南寺沟、雪岭子沟。分布于黑龙江、吉林、内蒙古、河北、宁夏、甘肃、青海、新疆等省区。

药用价值　根、全草：可解毒，止血，止带，祛痰、消炎；用于治疗吐血，衄血，痢疾。

蔷薇属 *Rosa* L.

刺蔷薇 *Rosa acicularis* Lindl.

灌木。高1~3m。奇数羽状复叶，具小叶3~7枚；小叶片椭圆形或倒卵状椭圆形，先端急尖，基部楔形至近圆形，边缘具细锐锯齿。花单生，苞片卵状披针形，先端尾状长渐尖，萼片披针形，先端长尾尖，顶端稍扩展；花瓣宽倒卵形，玫瑰红色；雄蕊多数。蔷薇果椭圆形，红色，光滑。花期6月，果期6—7月。

生于海拔2 500~3 100 m的山坡林缘草地或山坡灌丛中。见于东坡小口子沟、黄旗口沟、苏峪口沟、贺兰口沟；西坡哈拉乌沟、雪岭子、南寺冰沟、水磨沟。分布于东北、华北及陕西、甘肃、宁夏、新疆等省区。

药用价值 根：用于治疗关节痛。

周繇／摄

美蔷薇 *Rosa bella* Rehd. et Wils.

灌木。高1～3m。奇数羽状复叶；具小叶7～9枚，小叶椭圆形、矩圆形或卵状椭圆形，先端急尖或圆钝，基部圆形，边缘具尖锐单锯齿，近基部全缘；托叶倒卵状披针形。花单生或2～3朵簇生；萼裂片披针形，先端尾状尖，顶端扩展，边缘具锯齿，背面具腺刺，腹面密被短绒毛；花瓣宽倒卵形，粉红色，先端微凹；雄蕊多数。蔷薇果深红色，密被刺毛。花期6月，果期7—8月。

生于海拔2000m左右的沟谷灌丛。仅见于西坡赵池沟。分布于吉林、内蒙古、河北、山西、宁夏、河南等省区。

药用价值 花蕾：可理气，活血。

山刺玫 *Rosa davurica* Pall.

灌木。高约1.5 m。奇数羽状复叶，具小叶7~9枚；小叶片椭圆形或倒卵状椭圆形，先端急尖或稍钝，基部楔形至近圆形，边缘具不明显的细锐重锯齿；托叶披针形。花单生，萼片线状披针形，先端尾状，稍扩展，背面及边缘被腺毛，腹面密被短绒毛；花瓣紫红色，宽倒卵形，先端微凹；雄蕊多数。蔷薇果卵形或近球形，红色。花期6—7月，果期7—8月。

生于海拔2 200~2 500 m的林缘草地或灌丛中。见于东坡苏峪口沟；西坡哈拉乌北沟。分布于黑龙江、吉林、辽宁、内蒙古、河北、山西、宁夏等省区。

药用价值 花（刺玫花）：甘，微苦，温；可止血活血，健胃理气，调经，止咳祛痰，止痢止血；用于治疗月经过多，吐血，血崩，肋间作痛，痛经。果实（刺玫果）：酸，温。可助消化；用于治疗小儿食积，消化不良，食欲不振。根：苦、涩，平；可止咳化痰，止痢止血；用于治疗慢性咳嗽，血崩，泄泻，痢疾，跌打损伤。

周繇/摄

黄刺玫 *Rosa xanthina* Lindl.

灌木。高2~3m。奇数羽状复叶，具7~13枚小叶，小叶片卵形或椭圆形，先端圆钝，基部楔形或近圆形，边缘具细钝锯齿；托叶披针形，全缘或具腺齿，下部2/3与叶轴合生。花单生；萼裂片披针形；花瓣单瓣，宽倒卵形，先端微凹；雄蕊多数。蔷薇果球形，红色。花期6—7月。

生于海拔1600~2500m的山坡灌丛中。为东、西两坡常见灌木。分布于华北及山东、陕西、宁夏、甘肃、青海等省区。

药用价值　果实：可活血舒筋，祛湿利尿。

委陵菜属 *Potentilla* L.

金露梅 *Potentilla fruticosa* L.

　　小灌木。奇数羽状复叶，通常具5枚小叶，小叶片倒卵形、倒卵状椭圆形或椭圆形；托叶卵状披针形。花单生于叶腋或成伞房花序；黄色；副萼片线状披针形；萼片三角状长卵形，与副萼片近等长；花瓣宽倒卵形至近圆形，长出萼片1倍。瘦果卵圆形。花期6—8月，果期8—10月。

　　生于海拔2 200～2 500 m的向阳山坡、灌丛、路旁及石崖上。见于西坡水磨沟。分布于东北、华北、西北及西南各省区。

　　药用价值　叶（药王茶）：甘，平；可清暑热，益脑，清心，调经，健胃；用于治疗暑热眩晕，两目不清，胃气不和，食滞，月经不调。

银露梅 *Potentilla glabra* **Lodd.**

小灌木。高0.3～2.0m。奇数羽状复叶，具5枚小叶，小叶椭圆形或倒卵状长圆形；托叶膜质，卵状披针形，先端渐尖。花单生叶腋或成伞房花序；花白色；副萼片倒卵状披针形；萼片长卵形或三角状长卵形，先端渐尖；花瓣宽倒卵形或近圆形。花期5—7月，果期7—9月。

生于海拔2500～2900m的山地灌丛或路边。见于东坡苏峪口沟、贺兰口沟、黄旗口沟、大口子沟、小口子沟；西坡哈拉乌沟、水磨沟、雪岭子沟、南寺沟。分布于华北及陕西、宁夏、甘肃、湖北、四川等省区。

药用价值 全草（银老梅）：甘，温；可理气散寒，镇痛固牙，利尿消肿；用于治疗牙痛，固齿。

小叶金露梅 *Potentilla parvifolia* Fisch.ex.Lehm

　　小灌木。高0.3~1.5m。奇数羽状复叶，小叶倒披针形、倒卵状披针形至长椭圆形，先端尖，基部楔形，全缘。花单生或成伞房花序；花黄色；副萼片线状披针形，先端尖，萼片卵形，黄绿色，先端锐尖；花瓣宽倒卵形。花期6—7月，果期8—10月。

　　生于海拔1500~2900m的干旱山坡。为东、西两坡常见灌木。分布于黑龙江、内蒙古、甘肃、青海、宁夏、西藏、四川。

　　药用价值　叶及花（小叶金老梅）：甘，寒；可利尿，收敛止泻；用于治疗脚气，痒疹，乳痛。

沼委陵菜属 *Comarum* L.

西北沼委陵菜 *Comarum salesovianum*（Steph.）Asch. et Gr.

半灌木。高30~100 cm。茎直立。奇数羽状复叶，具5~11枚小叶，小叶长椭圆形或椭圆状倒披针形，先端钝或尖，基部近圆形，偏斜，边缘具裂片状粗锯齿，近基部全缘；托叶三角状披针形。聚伞花序顶生；副萼片披针形，全缘或2裂，萼片狭卵形或三角状狭卵形，先端长渐尖；花瓣菱状卵形，先端钝或尖。瘦果长圆状卵形。花期5—6月，果期7~8月。

生于海拔2 100~2 300 m的河谷或石质山坡。见于东坡大水沟、贺兰口沟；西坡哈拉乌北沟、镇木关沟等。分布于内蒙古、甘肃、宁夏、青海、新疆、西藏等省区。

李属 *Prunus* L.

蒙古扁桃 *Prunus mongolica* Maxim.

灌木。高达 2 m。多分枝，顶端成刺。叶近圆形、宽倒卵形、宽卵形或椭圆形，先端圆钝或急尖，基部宽楔形至圆形，边缘具细圆钝锯齿。花单生于短枝上；花萼宽钟形，萼裂片椭圆形；花瓣淡红色，倒卵形或椭圆形，先端圆，基部具短爪；雄蕊多数。果实扁卵形，先端尖，密被粗柔毛。花期 5 月，果期 6—7 月。

生于海拔 1 300～2 400 m 的石质低山丘陵或沟谷。东、西两坡均有分布。分布于甘肃、宁夏、内蒙古等省区。

药用价值　种子：辛、苦、甘、平；可润燥滑肠，下气，利水；用于治疗津枯肠燥，食积气滞，腹胀便秘，水肿，脚气，小便淋痛。

山杏　西伯利亚杏 *Prunus sibirica* **L.**

小乔木或灌木。高 2~5 m。叶宽卵形或近圆形，先端尾状长渐尖，基部圆形或宽楔形，边缘具细钝锯齿。花单生，近无梗；花萼钟形，萼裂片椭圆形，先端钝；花瓣白色或粉红色，宽倒卵形或近圆形；雄蕊多数，较花瓣短。核果扁球形，被短柔毛，果肉薄，成熟时开裂。花期 5 月，果期 7—8 月。

生于海拔 1 800~2 400 m 的石质山坡或山脊。见于东坡黄旗口沟、苏峪口沟、小口子沟、贺兰口沟；西坡哈拉乌沟。分布于黑龙江、吉林、辽宁、内蒙古、宁夏、甘肃、河北、山西。

药用价值　种子（苦杏仁）：苦、微温；有小毒；可降气止咳平喘，润肠通便；用于治疗咳嗽气喘，胸满痰多，血虚津枯，肠燥便秘。

毛樱桃 *Prunus tomentosa* C. P. Thunb. ex A. Murray

灌木。高可达3m。叶倒卵形至倒卵状椭圆形，先端尾状突尖或急尖，基部宽楔形至近圆形，边缘具不规则的单锯齿或重锯齿；托叶线形，具裂片。花单生或2朵簇生叶腋；花萼筒形，外面无毛，萼裂片三角状卵形；花瓣狭倒卵形，白色或带淡红色；雄蕊多数。果实椭圆形，红色。花期5月，果期6—8月。

生于海拔1 800~2 300 m的阴湿沟谷。见于东坡苏峪口沟、黄旗口沟、插旗口沟、甘沟等；西坡哈拉乌沟、赵池沟、镇木关沟等。分布于东北、华北及山东、宁夏、陕西、甘肃、青海、西藏、四川、云南等省区。

药用价值 种子（郁李仁）：辛，平；可润燥滑肠，下气，利水；用于治疗津枯肠燥，食积气滞，腹胀便秘水肿，脚气，小便淋痛不利。

绣线菊属 *Spiraea* L.

耧斗菜叶绣线菊 *Spiraea aquilegifolia* Pall. ————————————

灌木。高约1m。花枝上的叶通常为倒卵形或狭倒三角形，先端3~5浅圆裂，基部楔形，不育枝上的叶通常为扇形，先端3~5浅圆裂，基部楔形。伞形花序无总梗，具花3~6朵；萼筒钟形，萼裂片三角形，先端急尖；花瓣近圆形，先端圆钝，白色；雄蕊20枚，与花瓣近等长。蓇葖果。花期5—6月，果期7—8月。

生于海拔1500~1900m的浅山沟谷、石质山坡。见于东坡苏峪口沟、插旗口沟、甘沟；西坡峡子沟、赵池沟等。分布于内蒙古、黑龙江、陕西、山西、宁夏、甘肃等省区。

石蚕叶绣线菊 *Spiraea chamaedryfolia* L.

灌木，高1.0～1.5 m；小枝细弱，褐色。叶片宽卵形，边缘有细锐单锯齿和重锯齿。花序伞形总状，有花5～12朵；苞片线形，无毛，早落；萼筒广钟状；萼片卵状三角形，先端急尖；花瓣宽卵形或近圆形，先端钝，白色；雄蕊35～50枚，长于花瓣；花盘为微波状圆环形；子房在腹部微具短柔毛，花柱短于雄蕊。蓇葖果。花期5—6月，果期7—9月。

生于海拔2100 m左右的林下或林缘。见于西坡镇木关沟和峡子沟。分布于黑龙江、吉林、辽宁、山西、河南、内蒙古、新疆等省区。

刘冰／摄

金丝桃叶绣线菊 *Spiraea hypericifolia* L.

灌木。高达 1.5 m。叶片倒卵状椭圆形、倒卵状披针形至狭楔形，先端圆钝，或先端具 3 个圆钝齿，基部渐狭。伞形花序无总梗，花 7～11 朵；萼筒钟形，萼裂片三角形，先端稍钝；花瓣近圆形或倒卵形，先端圆，基部具短爪，白色；雄蕊 20 枚，与花瓣几等长。蓇葖果。花期 5 月，果期 6—8 月。

生于向阳干旱山坡及灌丛中。见于东、西坡中南部。分布于黑龙江、内蒙古、山西、陕西、甘肃、宁夏、新疆等省区。

药用价值 花：可生津止渴，利水。

蒙古绣线菊 *Spiraea mongolica* Maxim.

灌木。高可达3 m。叶片长椭圆形或卵状长椭圆形，先端圆钝，具小尖头，基部楔形，全缘；叶柄无毛。伞形总状花序着生于侧枝顶端，花序具总梗；萼筒钟形，萼裂片三角形，先端急尖；花瓣近圆形，先端圆钝，白色；雄蕊20枚，与花瓣近等长。蓇葖果被柔毛。花期5—7月，果期7—9月。

生于海拔1 500~2 600 m的向阳山坡灌丛中。东、西两坡均有分布。分布于华北及河南、陕西、甘肃、青海、宁夏、西藏、四川等省区。

药用价值 花：可生津止渴，利水。

毛枝蒙古绣线菊 *Spiraea mongolica* var. *tomentulosa* Yü

灌木。高可达3m。小枝暗红褐色，呈明显的"之"字形弯曲。叶片宽卵形、宽椭圆形、椭圆形至倒卵状椭圆形，先端圆，基部楔形、宽楔形至近圆形，全缘。伞形总状花序生侧枝顶端，具花8~15朵；萼筒钟形，萼裂片三角形；花瓣肾形，先端微凹，白色；雄蕊约20枚，花盘圆环形，边缘具腺体。蓇葖果，宿存萼片直立。花期5—6月，果期6—7月。

生于海拔1700~2000 m的山坡灌丛中。见于东坡苏峪口沟、插旗口沟、黄旗口沟；西坡北寺沟、哈拉乌沟、南寺沟、峡子沟等。分布于内蒙古、宁夏等省区。

三裂绣线菊 *Spiraea trilobata* L.

灌木。高1~2m。叶片倒卵形、矩圆状椭圆形或近圆形，先端钝，常3裂或具数个圆钝锯齿，基部圆形、楔形或近心形。伞形花序着生于侧生小枝的顶端，具花6~15朵；萼片三角形，先端尖；花瓣白色，宽倒卵圆形先端微凹；雄蕊18~20个，较花瓣短。蓇葖果。花期5—6月，果期6—9月。

生于向阳山坡灌丛中。见于东西坡中南部。分布于东北、华北及河南、陕西、甘肃、新疆、宁夏、安徽等省区。

药用价值　叶、果实：可活血祛瘀，消肿止痛。

山楂属 *Crataegus* L.

毛山楂 *Crataegus maximowiczii* Schneid.

灌木。高可达7m。枝灰褐色或紫褐色；刺长1cm。叶片宽卵形，先端渐尖，基部楔形或宽楔形，边缘羽状5浅裂，裂片具重锯齿；托叶半月形或卵状披针形，边缘具腺齿，早落。复伞房花序顶生或腋生，具多朵花，萼筒钟形，萼裂片三角状披针形或三角状卵形；花瓣近圆形，白色；雄蕊20枚，较花瓣短；花柱通常2个。果实近球形，红色，幼时被柔毛，果梗被长柔毛，具3~5个小核。花期5—6月，果期7—9月。

生于海拔1800m左右的山口。仅见于东坡插旗沟口。分布于东北及内蒙古、宁夏等省区。

药用价值 果实：可消积，降压，开胃。用于治疗肉食积滞，高血压，脾胃虚弱。

苹果属 *Malus* Mill.

花叶海棠 *Malus transitoria*（Batalin.）C.K. Schneid.

灌木或小乔木。高可达8m。叶片卵形或宽卵形，边缘常5深裂，裂片椭圆形或狭倒卵形，边缘具细钝锯齿。伞形花序具5~6朵花；萼筒外面密被绒毛，萼裂片卵状披针形，稍短于萼筒，里外两面被绒毛；花瓣近圆形或卵形，白色；雄蕊20~25枚，不等长，稍短于花瓣；花柱5个。梨果椭圆形，红色。花期6月，果期8—9月。

生于海拔2300~2500m的阴坡或半阴坡杂木林中。见于东坡插旗口沟；西坡北寺沟。分布于内蒙古、甘肃、青海、宁夏、四川等省区。

栒子属 *Cotoneaster* B. Ehrhart

全缘栒子 *Cotoneaster integerrimus* Medic.

落叶灌木。高达 2 m。叶片宽椭圆形或卵形，上面绿色，无毛或微被柔毛，叶脉稍下凹，下面灰绿色，密被白色绒毛。聚伞花序具花 2~8 朵；萼筒钟形，萼裂片卵状三角形，先端急尖，外面无毛，里面沿边缘具毛；花瓣近圆形，粉红色，直伸；雄蕊 20 枚，与花瓣近等长；花柱通常 2 个。果实红色，无毛，具 2 小核。花期 6 月，果期 7—8 月。

生于海拔 2 000~2 200 m 的向阳山坡及林缘灌丛中。见于苏峪口沟。分布于内蒙古、河北、宁夏、新疆等省区。

药用价值　枝叶、果实：可祛风湿，止血，消炎。

周繇 / 摄

黑果栒子 *Cotoneaster melanocarpus* Lodd.

　　落叶灌木。高 1~2 m。叶片卵状椭圆形至宽卵形，先端圆钝或微凹，具小尖头，基部圆形，上面绿色，疏被长柔毛或老时无毛，下面灰绿色，密被白色绒毛。聚伞花序具花 3~15 朵；萼筒钟状，萼裂片三角形，先端圆钝；花瓣近圆形，先端圆形，粉红色，直伸；雄蕊 20 枚，短于花瓣；花柱 2 个，离生，子房顶端具柔毛。果实近球形或宽倒卵形，黑色，含 2 个小核。花期 6—7 月，果期 7—9 月。

　　生于海拔 2 000~2 600 m 的山坡、疏林和灌木丛中。见于东坡苏峪口沟、黄旗口沟、大水沟、插旗口沟；西坡哈拉乌沟、水磨沟、北寺沟、镇木关沟、南寺沟、强岗岭等。分布于内蒙古、黑龙江、吉林、河北、宁夏、甘肃及新疆等省区。

　　药用价值　枝叶，果实：可祛风湿，止血，消炎。用于治疗风湿痹痛，刀伤出血。

周繇／摄

蒙古栒子 *Cotoneaster mongolicus* Pojark.

落叶灌木。高达1.8 m。小枝暗红棕色。叶片长圆椭圆形，先端多数圆钝，基部楔形，全缘，上面光亮，无毛或微具柔毛，下面被稀疏灰色绒毛，叶脉在下面突起；托叶宿存，钻形，红棕色，边缘具毛。聚伞花序有花3~6（7）朵，总花梗和花梗具灰白色柔毛；萼筒外面无毛；萼片三角形，暗红色，先端近急尖；花瓣平展，近圆形，边缘呈不规则凹缺，白色；雄蕊20枚；心皮2枚；子房先端密被柔毛。果实倒卵形，紫红色，稍具蜡粉，无毛，内具2个小核。果期9月。

生于海拔1 500~2 500 m的林缘及灌木丛中。见于东坡黄旗口沟；西坡水磨沟、峡子沟、赵池沟。分布于内蒙古和宁夏。

达来／摄

水枸子 *Cotoneaster multiflorus* Bge.

落叶灌木。高可达4m。叶片卵形、宽卵形至卵状椭圆形，先端急尖或钝圆，基部宽楔形，上面绿色，下面淡绿色。聚伞花序具花5~10朵，花梗萼筒钟形，萼片三角形，先端钝或急尖；花瓣近圆形，白色；雄蕊18枚，稍短于花瓣；花柱2个。果实红色，近球形或倒卵形，具1个小核。花期6月，果期7—8月。

生于海拔1800~2500m的林缘及灌木丛中。见于东坡插旗口沟、黄旗口沟；西坡南寺沟、哈拉乌沟。分布于东北、华北、西北及西南各省区。

药用价值 枝叶：用于治疗烫伤，烧伤。

周繇 / 摄

准噶尔栒子 *Cotoneaster soongoricus*（Regel et Herd.）Popov

灌木。高1.0～2.5 m。叶片卵形至椭圆形，先端圆钝具小突尖，基部圆形至宽楔形，上面绿色，无毛或具稀疏柔毛，背面灰绿色，密被白色绒毛。聚伞花序具花3～5朵，萼筒钟形，被绒毛，萼片三角形，先端急尖，外面被绒毛，里面无毛或近无毛；花瓣近圆形至宽卵形，白色；雄蕊18枚，短于花瓣；花柱2个。果实卵形至椭圆形，红色，被稀疏柔毛，具1～2个小核。花期6月，果期7月。

生于海拔1 600～2 300 m的干旱山坡及山谷林缘。见于东坡苏峪口沟、贺兰口沟、大水沟、插旗口沟；西坡北寺沟、南寺沟、哈拉乌沟、水磨沟、赵池沟等。分布于内蒙古、甘肃、宁夏、西藏、新疆、四川等省区。

毛叶水栒子 *Cotoneaster submultiflorus* Popov

灌木。高2～4m。叶片菱状卵形或卵圆形，先端圆钝或急尖，基部宽楔形，上面无毛或被极稀的柔毛，下面被短柔毛。聚伞花序具花3～8朵；萼筒钟形，外面疏被柔毛，萼片宽三角形，先端急尖，外面疏被柔毛；花瓣近圆形，白色；雄蕊20枚，短于花瓣；花柱2个，离生。果实红色，球形，内含1个小核。花期6月，果期6—7月。

生于海拔2000～2300m的林缘、河边、沟底及山坡灌丛中。见于东坡苏峪口沟、插旗口沟、小口子沟；西坡哈拉乌沟等。分布于内蒙古、山西、陕西、宁夏、甘肃、青海、新疆等省区。

细枝栒子 *Cotoneaster tenuipes* Rehd. et Wils.

落叶灌木。高1～2 m。叶片狭卵状椭圆形或卵形，先端急尖或稍钝，基部宽楔形至近圆形，上面无毛或疏被平铺绒毛。聚伞花序具2～4朵花，萼筒钟形，萼裂片卵状三角形，先端急尖；花瓣近圆形；雄蕊15枚；花柱2个，离生，短于雄蕊。果实黑色，具1～2个小核。花期6月，果期7—9月。

生于海拔1 600～2 000 m的向阳山坡或灌木丛中。见于东坡苏峪口沟、黄旗口沟、插旗口沟；西坡峡子沟等。分布于宁夏、甘肃、青海、四川、云南等省区。

西北栒子 *Cotoneaster zabelii* Schneid.

落叶灌木。高达2m。叶片椭圆形，先端圆钝，基部圆形，上面绿色，稀具平铺长柔毛，下面灰白色，密被白色绒毛。聚伞花序具花3~7朵；萼筒钟形，外面密被绒毛，萼裂片三角形，先端稍钝或具短尖头，外面被绒毛，里面沿边缘具绒毛；花瓣近圆形，淡红色，直伸；雄蕊18枚，较花瓣短；花柱2个。果实鲜红色，含2个小核。花期6月，果期7—8月。

生于海拔1 000~2 500 m的半阴坡灌丛中。见于东坡苏峪口沟、贺兰口沟、黄旗口沟、插旗口沟；西坡哈拉乌沟、北寺沟、南寺沟、赵池沟等。分布于河北、河南、山西、山东、陕西、宁夏、甘肃、青海、湖南、湖北等省区。

药用价值 枝叶，果实：可止血，凉血。

鼠李科 Rhamnaceae

鼠李属 *Rhamnus* L.

柳叶鼠李 *Rhamnus erythroxylom* Pall.

灌木。高2m。小枝互生，顶端具针刺。叶纸质，条形或条状披针形，顶端锐尖或钝，基部楔形，边缘有疏细锯齿，两面无毛，侧脉每边4~6条。花单性，雌雄异株，黄绿色，4基数，有花瓣；雄花数枚至20余枚簇生于短枝端，宽钟状，萼片三角形，与萼筒近等长；雌花萼片狭披针形，有退化雄蕊，花柱2浅裂或近半裂。核果球形，成熟时黑色；种子倒卵圆形，淡褐色，背面有长为种子4/5上宽下窄的纵沟。花期5月，果期6—7月。

生于海拔1 600~2 100 m的山谷或阴坡灌丛。见于东坡甘沟；西坡峡子沟等。分布于河北、内蒙古、陕西、山西、甘肃、青海、宁夏等省区。

药用价值 叶：甘，寒；可消食健胃，清热泻火；用于治疗消化不良，泄泻。

钝叶鼠李 *Rhamnus maximovicziana* J. Vass.

多分枝灌木。高2.5 m。叶在长枝上对生或近对生，在短枝上丛生；叶椭圆形或卵状椭圆形，边缘全缘或疏具浅钝齿，上面绿色，下面淡绿色，两面无毛，侧脉2~3对。花单性，黄绿色，萼钟形，无毛，萼裂片4个，直立，卵状披针形；无花瓣；雄蕊4枚，具退化雌蕊；雌花无花瓣，子房扁球形，花柱2裂至中部。果实扁球形，具2粒种子。种子倒卵形，背面具长为种子1/2的纵沟。花期5—6月，果期7—9月。

生于海拔1 600~2 300 m的干旱山坡灌丛。东、西两坡均有分布。分布于河北、内蒙古、陕西、山西、宁夏、甘肃和四川等省区。

小叶鼠李 *Rhamnus parvifolia* Bge.

灌木。高1.5~2.0 m。小枝灰色或灰褐色，先端成针刺。叶在短枝上簇生，菱状倒卵形或倒卵形，边缘具圆钝细锯齿，仅脉腋的腺窝具簇毛。聚伞花序叶腋生，具1~3朵花；花单性；花萼4裂，裂片披针形；花瓣4枚，倒卵形，长为萼裂片的1/3；雄蕊4枚，与花瓣对生。核果球形，具2个核。种子倒卵形，背面具长为种子4/5的纵沟。花期5—7月，果期8—9月。

生于1 300~1 800 m的干旱的向阳山坡、草丛或灌丛中。仅见于东坡苏峪口沟、甘沟。分布于黑龙江、吉林、辽宁、内蒙古、河北、山西、山东、河南、陕西、宁夏等省区。

药用价值 果实：苦、凉；有小毒；清热泻下，可消痞痧；用于治疗腹满便秘，疥癣，痧痧。

枣属 *Zizyphus* Mill.

酸枣 *Zizyphus jujuba* var. *spinosa*（Bge.）Hu ex H. F. Chow

灌木或小乔木。高3m。小枝常呈"之"字形弯曲，灰褐色，具刺。单叶互生，长椭圆状卵形至卵形，基部圆形，偏斜，边缘有钝锯齿，基部3出脉。聚伞花序叶腋生，具2~4朵花；萼裂片5个，卵形或卵状三角形；花瓣5枚，膜质，匙形；雄蕊稍长于花瓣。核果近球形。花期5—6月，果期9—10月。

生于干旱石质滩地或山谷。为东西两坡常见灌木。分布于东北、华北及山东、江苏、浙江、安徽、湖北、河南、陕西、甘肃、宁夏、新疆、四川、贵州等省区。

药用价值 种子（酸枣仁）：甘、酸，平；可补肝，宁心，敛汗，生津；用于治疗虚烦不眠，惊悸怔忡，虚汗，失眠健忘。根皮（酸枣根皮）：涩，温；涩精止血；用于治疗便血，高血压，头晕头痛遗精，带下病，烧、烫伤。叶（棘叶）：用于治疗廉疮。花（棘刺花）：苦，平；用于治疗金疮，视物昏花。棘刺（棘针）：辛，寒；可消肿，溃脓，止痛；用于治疗痈肿有脓，心腹痛，尿血，喉痹。

榆科 Rhamnaceae

榆属 *Ulmus* L.

旱榆　灰榆 *Ulmus glaucescens* Franch.

　　小乔木或灌木状。高可达18 m。老枝灰白色，无毛。叶卵形、卵状椭圆形至狭卵形，基部偏斜，边缘具单锯齿；叶柄被短毛。翅果较大，倒卵形，种子位于翅果中央；果柄被短毛。花期5月，果期6月。

　　生于海拔1 500～2 400 m的向阳干旱山坡、沟底或石崖上。为东、西两坡常见乔木。分布于辽宁、内蒙古、河北、河南、山东、山西、陕西、宁夏、甘肃等省区。

　　药用价值　根、树皮：用于治疗骨瘤。

朴属 *Celtis* L.

黑弹树　小叶朴 *Celtis bungeana* Bl.

乔木。高达10 m。树皮淡灰色，平滑；小枝褐色。叶卵形或卵状披针形，基部偏斜，近圆形，边缘中部以上具钝锯齿。核果近球形，成熟时紫黑色。花期5月，果期6—9月。

生于海拔1 300~1 700 m的向阳山坡或半阴坡山崖。见于东坡黄旗口沟、插旗口沟、苏峪口沟、贺兰口沟、插旗口沟、大窑沟。分布于辽宁、河北、河南、山东、陕西、甘肃、宁夏、云南及长江流域各省区。

药用价值　树干、树皮或枝条（棒棒木）：辛，微苦，凉；可祛痰，止咳，平喘；用于治疗咳嗽痰喘。

桑科 Moraceae

桑属 *Morus* L.

蒙桑 *Morus mongolica* Schneid.

小乔木或灌木。高3～8m。树皮灰褐色，纵裂。叶长椭圆状卵形，先端尾尖，基部心形，边缘具三角形单锯齿，齿尖有长刺芒，两面无毛。雄花花被暗黄色，外面及边缘被长柔毛，花药2室，纵裂；雌花序短圆柱状，总花梗纤细。雌花花被片外面上部疏被柔毛，或近无毛；花柱长，柱头2裂，内面密生乳头状突起。聚花果成熟时红色至紫黑色。花期3—4月，果期4—5月。

生于海拔1 400～1 500 m的阳坡及山麓。见于东坡黄旗口沟、插旗口沟。分布于黑龙江、吉林、辽宁、内蒙古、河北、河南、山西、山东、陕西、宁夏、新疆、青海、安徽、江苏、湖北、四川、贵州、云南等省区。

药用价值 根皮（桑白皮）：甘，寒；泻肺平喘，可利水消肿；用于治疗肺热咳嗽，水肿胀满尿少，面目肌肤浮肿。嫩枝（桑枝）：微苦，平；可祛风湿，利关节；用于治疗肩臂关节酸痛麻木。叶（桑叶）：甘、苦，寒；疏风清热，清肝明目；用于治疗风热感冒，肺热燥咳，头晕头痛，目赤昏花。果穗（桑葚）：甘、酸，寒；补血滋阴，生津润燥；用于治疗眩晕耳鸣，心悸失眠，须发早白，津伤口渴。

桦木科 Betulaceae

桦木属 *Betula* L.

白桦 *Betula platyphylla* Suk.

落叶乔木。高可达 27 m。树皮白色，成厚革质层状剥落。叶三角状卵形或菱状宽卵形，先端渐尖，基部宽楔形或截形，边缘具不规则的重锯齿。果序圆柱形，单生叶腋，下垂；果苞中裂片短，先端尖，侧裂片横出，钝圆，稍下垂。小坚果倒卵状长圆形。花期 5—6 月，果期 8 月。

生于海拔 1 800～2 300 m 的山沟及山坡上，与其他树种混生。见于东坡苏峪口沟、大口子沟、小口子沟、黄旗口沟；西坡峡子沟、赵池沟。分布于东北、华北及陕西、河南、甘肃、宁夏、四川、云南等省区。

药用价值 树皮（桦木皮）：苦，寒；清热利湿，可祛痰止咳，解毒消肿；用于治疗风热咳喘，痢疾，泄泻黄疸，水肿，咳嗽，乳痈，疖肿，痒疹，烧、烫伤。液汁（桦树液）：可止咳；用于治疗痰喘咳嗽。叶：可利尿。

虎榛子属 *Ostryopsis* Decne.

虎榛子 *Ostryopsis davidiana* Decne.

灌木。高 1~3 m。老枝灰褐色，无毛。叶卵形至宽卵形，先端渐尖，基部心形，边缘具不规则的重锯齿，侧脉 7~10 对；叶柄密生绒毛。雄花序单生于前一年生枝条的叶腋；雌花序生当年生枝顶端，6~14 个簇生；总苞管状，外面密被黄褐色绒毛，成熟时沿一边开裂，先端常 3 裂。小坚果卵形，略扁，深褐色。花期 5 月，果期 7—8 月。

生于海拔 1 800~2 500 m 的林缘或向阳山坡灌丛中。见于东坡苏峪口沟、黄旗口沟、小口子沟、大水沟；西坡峡子沟、赵池沟、南寺沟。分布于辽宁、内蒙古、河北、山西、陕西、宁夏、甘肃和四川等各省区。

药用价值 果实：可清热利湿。

卫矛科 Celastraceae

卫矛属 *Euonymus* L.

矮卫矛 *Euonymus nanus* Bieb.

矮小灌木。高约1m。小枝淡绿色，无毛，具条棱。叶线形或线状矩圆形，3片轮生、互生或有时对生，全缘或疏生钝锯齿，两面无毛。聚伞花序叶腋生，具1~3朵花，总花梗，无毛，顶端具1~2枚淡紫红色的总苞片，披针形；花4数，紫褐色；萼片半圆形；花瓣卵圆形；雄蕊着生于花盘上，花丝极短，花药黄色；花盘4浅裂；柱头头状，不显著。蒴果近球形，成熟时紫红色，4瓣开裂。花期6—7月。

生于海拔1700~2300m的河滩灌木丛中、崖下草地或林缘。见于东坡苏峪口沟、黄旗口沟、小口子沟；西坡哈拉乌沟、赵池沟、南寺沟、高山气象站。分布于内蒙古、山西、陕西、宁夏、甘肃、青海、西藏等省区。

药用价值 根、树皮：可祛风除湿；用于治疗风寒湿痹，关节肿痛，肢体麻木。

叶下珠科 Phyllanthaceae

白饭树属 *Flueggea* Willd.

一叶萩 *Flueggea suffruticosa*（Pall.）Baill.

　　落叶灌木。高1~3 m。单叶互生，椭圆形、卵状椭圆形或倒卵状椭圆形，全缘。花单性，雌雄异株；雄花数朵簇生叶腋；萼片5枚，椭圆形或倒卵状椭圆形，大小不等，雄蕊5枚，退化雌蕊常2裂；雌花单生或数朵簇生叶腋，萼片5枚，宽卵形，子房球形，花柱短，柱头3个。蒴果扁球形，无毛。种子半圆形，褐色。花期6—7月，果期8—9月。

　　生于海拔1 700~1 900 m的向阳石质山坡或山地灌丛中。见于东坡黄旗口沟、苏峪口沟、插旗口沟、大水沟、小口子沟、大窑沟等。除甘肃、青海、宁夏、西藏和新疆之外，全国广布。

杨柳科 Salicaceae

杨属 *Populus* L.

青杨 *Populus cathayana* Rehd.

乔木。高可达30 m。幼树树皮灰绿色，光滑，老时暗灰色，纵浅沟裂。果枝上的叶卵形，先端渐尖，基部圆形，缘具带腺点的圆钝细锯齿，上面亮绿色，背面绿白色；叶柄圆柱形，无毛。雄花序雄蕊30~35枚，苞片暗褐色，无毛，先端撕裂状条裂，花盘全缘；雌花序子房卵圆形，柱头2~4裂。蒴果卵圆形，3~4瓣裂。花期3—5月，果期5—7月。

生于海拔1 900~2 400 m的阴坡或沟谷。见于东坡汝箕沟、大水沟；西坡哈拉乌沟。分布于东北、华北、西北及四川、西藏等省区。

药用价值 根皮、树皮、枝叶：可祛风，散瘀。

山杨 *Populus davidiana* Dode

乔木。高达 25 m。老干基部暗灰色，具沟裂；幼枝圆柱形，黄褐色，芽卵圆形，光滑。叶卵圆形，宽与长几相等，先端短锐尖缘具波状浅钝齿或内弯的锯齿。雄花序花序轴疏被柔毛，苞片深裂，褐色，被长柔毛；雌花序子房圆锥形，花柱 2 个，每个再 2 裂，红色。蒴果卵状圆锥形，绿色，无毛，2 瓣裂。花期 4—5 月，果期 5—6 月。

生于海拔 1 800～2 000 m 的山地阳坡及山谷中，多与油松、白桦等树种混交。东、西两坡山体均有分布。分布于我国东北、华北、西北及西南。

药用价值　根皮、树皮（白杨皮）、枝（白杨枝）、叶（白杨叶）：苦、辛，平；清热解毒，可祛风，止咳，行瘀凉血，驱虫；用于治疗高血压，肺热咳嗽，蛔虫，小便淋漓，外用可治疗秃疮疥癣。树枝：用于治疗腹痛，疮疡。叶：用于治疗龋齿。

柳属 *Salix* L.

密齿柳 *Salix characta* Schneid.

灌木。小枝黑褐色。叶倒披针形，先端急尖，基部渐狭，边缘具带腺的细锯齿，上面绿色，疏被短柔毛，背面灰蓝色；叶柄被短绒毛。雄花序苞片卵形，先端尖，浅褐色，两面被柔毛，雄蕊2枚；雌花序苞片卵形，先端钝，两面疏被绒毛，子房被短绒毛，具1个腹腺，花柱2个。蒴果被短绒毛，2瓣裂。花期5—6月，果期6—7月。

生于海拔1 700~3 000 m的山地沟谷、林缘和林下。见于东坡苏峪口沟、黄旗口沟、插旗口沟；西坡哈拉乌沟、南寺沟、强岗岭。分布于内蒙古、河北、陕西、山西、宁夏、甘肃、青海等省区。

乌柳 *Salix cheilophila* Schneid.

枝灰褐色。高达5.4m。叶线状倒披针形，边缘反卷，具腺锯齿，表面绿色，被柔毛，背面灰白色，密被伏贴的长柔毛；叶柄被柔毛。雄花苞片倒卵状长圆形，雄蕊2枚，花丝无毛，腹腺1个，先端2裂；雌花苞片倒卵状长圆形，被毛，子房卵状长圆形，密被短毛，花柱短，柱头2个，腹腺1个，2裂。蒴果黄色，疏被柔毛，2瓣开裂。花期4—5月，果期6—7月。

生于海拔1800~2200m的山坡林缘、河滩及水沟边。见于东坡插旗口沟；西坡哈拉乌沟。分布于河北、河南、山西、陕西、宁夏、甘肃、青海、西藏、四川、云南。

药用价值 树皮、枝、叶（河柳）：辛、甘，温；可祛风解表，清热消肿；用于治疗麻疹初起，斑疹不透，皮肤瘙痒，慢性风湿。

崖柳 *Salix floderusii* Nakai

灌木或小乔木。高达4~6m。树皮暗灰色，幼枝绿色，有短柔毛。叶革质，椭圆形或披针状长椭圆形，先端急尖，基部圆形，上面绿色，背面色淡，被白色绒毛；叶柄有毛。花先叶开放或近与叶同时开放；雄花序长椭圆形；雄蕊2枚，离生，花药黄色；苞片卵状椭圆形或卵状披针形，褐色，两面有长柔毛，腹腺1个；雌花序子房卵状圆锥形，被柔毛；花柱短，柱头2裂；苞片长椭圆形，两面被毛，腹腺1个。蒴果被柔毛。花、果期5—6月。

生于海拔1600~2500m的山谷，林缘、水沟边灌丛中。见于东坡苏峪口沟、大水沟、小口子沟；西坡北寺沟、赵池沟、镇木关沟、强岗岭。分布于黑龙江、吉林、辽宁、内蒙古、河北、山西、宁夏等省区。

郑宝江 / 摄

山生柳 *Salix oritrepha* Schneid.

灌木。高60～120 cm。老枝灰黑色，小枝紫褐色。叶椭圆形，全缘，上面暗绿色，下面灰绿色，两面无毛；叶柄带红色。雄花苞片椭圆形，深棕色，微被短毛，雄蕊2枚，花丝基部密生棕色长柔毛，具1个腹腺和1个背腺；雌花苞片椭圆形，被绒毛，子房无毛，花柱短，柱头2个。蒴果卵状椭圆形，被短毛，2瓣开裂。花期6月，果期7月。

生于海拔2 800～3 300 m的高山灌丛。见于东西坡中部山脊。分布于甘肃、宁夏、青海、西藏、四川。

川滇柳 *Salix rehderiana* Schneid.

　　灌木或小乔木。枝暗褐色或褐色。叶长椭圆状披针形或倒披针形，先端急尖或渐尖，基部楔形，全缘，稍反卷，上面绿色，被柔毛或老叶沿主脉被短毛，背面灰蓝色，叶脉隆起，稍带红色；叶柄被短毛。雌花序苞片椭圆状披针形，先端钝，浅褐色，被长柔毛；子房密被绒毛，花柱与子房近等长，柱头2个，每个再2裂。蒴果疏被短毛，2瓣开裂。花期6月，果期7月。

　　生于海拔2 800～3 000 m的高山灌丛。见于东、西坡中部山脊。分布于西藏、青海、甘肃、宁夏、陕西、云南、四川等省区。

小红柳 *Salix microtachya* var. *bordensis*（Nakai）C. F. Fang

灌木。高1~2m。树皮灰褐色，小枝红色或褐色。叶线形，反卷，两面被白色绢毛。叶花后开展。花序梗短，具2~3枚小叶片，花序轴疏被柔毛；苞片卵形、椭圆形、矩圆形或倒卵圆形，淡褐色或黄绿色，背面无毛或雌株苞片边缘和基部被柔毛，内面基部被毛；腹腺1个；雄蕊花丝完全合生成单体，花丝无毛，花药红色；子房无毛，花柱明显。花果期5—6月。

生于海拔2000~2400m的沟谷湿地。见于东坡苏峪口沟、插旗口沟；西坡哈拉乌沟。分布于黑龙江、吉林、辽宁、内蒙古、宁夏。

中国黄花柳 *Salix sinica*（Hao）C. Wang et C. F. Fang

灌木或小乔木。高达4~5 m。小枝红褐色。叶为椭圆形、椭圆状披针形，先端短渐尖或急尖，基部楔形或圆楔形，上面暗绿色，背面发白色，多全缘，边缘有不规整的牙齿；叶柄有毛；托叶半卵形至近肾形。雄花序无梗，宽椭圆形至近球形；雄蕊2枚，仅1个腺体；雌花序短圆柱形。蒴果线状圆锥形。花期4月下旬，果期5月下旬。

生于海拔2 000~2 500 m的林缘或沟边灌丛中。见于东坡苏峪口沟、黄旗口沟、插旗口沟；西坡哈拉乌北沟。分布于华北和西北各省区。

皂柳 *Salix wallichiana* Anders.

小乔木，小枝黑褐色。叶长椭圆形，上面深绿色，背面灰绿色，被伏贴的长柔毛；叶柄被短毛。雄花序苞片卵状长圆形，密被长柔毛，雄蕊2枚，花丝基部具疏柔毛，腹腺1个；雌花序苞片卵圆形，黑褐色，密被长柔毛，子房卵状长圆锥形，被绒毛，具短梗，柱头2个，具1个腹腺。蒴果被绒毛，2瓣开裂。花期4—5月，果期6—7月。

多生于2 000~2 200 m的山沟溪旁、林缘及阴坡或半阴坡林中。见于东坡苏峪口沟、黄旗口沟、插旗口沟；西坡哈拉乌沟、南寺沟。分布于河北、内蒙古、甘肃、青海、陕西、山西、宁夏、四川、西藏、云南、贵州、浙江、湖北、湖南。

药用价值 根（皂柳根）：辛、酸、凉；可祛风，解热，除湿；用于治疗风湿关节痛，头风痛。

线叶柳 *Salix wilhelmsiana* M. B.

灌木。高达5~6m。枝暗褐色，无毛。叶线形，先端渐尖，基部渐狭，全缘；叶柄短。雄花序花序轴密被柔毛，苞片倒卵形，两面被柔毛，雄蕊2枚，花丝分离，具1个腹腺；雌花序花序轴密被柔毛，苞片椭圆形，腹面具柔毛，子房倒卵状圆锥形，密被柔毛，花柱短，柱头2个，每个再2裂，具1个腹腺。蒴果卵状圆锥形，疏被短毛，2瓣开裂。花期5月，果期6月。

生于向阳山坡及沟谷林缘。见于东、西两坡。分布于内蒙古、甘肃、宁夏、新疆等省区。

白刺科 Nitrariaceae

白刺属 *Nitraria* L.

小果白刺 *Nitraria sibirica* Pall.

　　矮小灌木。高 0.5～1.5 m。茎直立或弯曲，或有时横卧；树皮淡黄白色，具纵条棱。叶肉质，无柄，在嫩枝上多 4～6 枚簇生，倒披针形或披针状匙形，全缘。花小，排列成顶生多分枝的蝎尾状聚伞花序，花序轴密被短毛；萼片 5 枚，近三角形；花瓣 5 枚，长椭圆形，先端尖，内曲呈帽状；雄蕊 10～15 枚，与花瓣等长或稍短；子房密被白色伏毛，椭圆形，柱头 3 个。核果卵形，深紫红色。花期 5—6 月，果期 7—8 月。

　　生于低洼盐碱地及固定或半固定沙丘。见于西坡巴音浩特、呼吉尔图。分布于东北、华北及西北。

　　药用价值　种子：调经活血，消食健脾。果实：甘、微咸，温；可调经活血，消食健胃；用于治疗身体虚弱，气血两亏，脾胃不和，消化不良，月经不调，腰酸腿痛。

白刺 *Nitraria tangutorum* Bobr.

灌木。高1~2m。茎直立、斜升或平卧，灰白色。叶肉质，在嫩枝上常2~3片簇生，倒卵状披针形或长椭圆状匙形，先端圆，具小尖头，基部渐狭呈楔形；托叶三角状披针形，膜质，棕色。花小，排列为多分枝的顶生蝎尾状聚伞花序；萼片5枚，卵形或三角形；花瓣黄白色，椭圆形，先端圆，内曲；雄蕊10~15枚；子房密被白色伏毛，柱头3个，无花柱。核果卵形或椭圆形，深红色。花期5—6月，果期7—8月。

生于固定或半固定沙丘上、低洼盐碱地上。见于东坡石炭井、龟头沟；西坡山麓。分布于内蒙古、陕西、甘肃、青海、宁夏、新疆及西藏等省区。

药用价值 果实：甘、酸，温；健脾胃，助消化，可安神，解表，下乳；用于治疗脾胃虚弱，消化不良，肾虚，感冒，乳汁不下。

无患子科 Sapindaceae

文冠果属 *Xanthoceras* Bge.

文冠果 *Xanthoceras sorbifolium* Bge.

落叶灌木或小乔木。高2~5m。树皮灰褐色。奇数羽状复叶,互生,具9~19枚小叶;小叶长椭圆形至披针形,边缘具尖锐锯齿。总状花序顶生;萼裂片5个,椭圆形;花瓣5枚,倒卵状披针形,白色,基部紫红色;花盘裂片背面有1角状附属物;雄蕊8枚;子房椭圆形,被绒毛,花柱直立,柱头头状。蒴果,3瓣裂。种子近球形,暗褐色。花期4—5月,果期7—8月。

生于海拔1500~2000m的沟谷或崖缝中。见于东坡黄旗口沟、拜寺口沟、大水沟、插旗口沟、汝箕沟;西坡北寺沟等。分布于东北、华北及河南、宁夏、陕西、甘肃等省区。

药用价值 木材或枝叶:甘,平;可祛风除湿,消肿止痛,收敛;用于治疗风湿关节痛,肿毒痛,黄水疮。

槭属 *Acer* L.

细裂枫 *Acer pilosum* var. *stenolobum*（Rehder）W. P. Fang

　　落叶乔木。高5~8 m。小枝灰白色。叶三角形，3深裂，裂片长椭圆状披针形，中裂片直伸，先端稍钝，裂片中上部具1~2对粗锯齿，侧裂片平展，裂片中上部具1~2对不规则的粗锯齿或全缘。花淡绿色，杂性，雄花与两性花同株；萼片5枚，卵形，花瓣5枚，长圆形或线状长圆形，与萼片近于等长或略短小；雄蕊5枚，生于花盘内侧的裂缝间；雄花的花丝较萼片长约2倍；两性花的花丝则与萼片近于等长，花药卵圆形，花柱2裂达中段，柱头反卷。翅果，张开成钝角；小坚果卵状椭圆形。果期8—9月。

　　生于海拔1 700~2 000 m的山地沟谷或阴坡。见于东坡小口子沟、黄旗口沟、甘沟、榆树沟、大口子沟；西坡峡子沟、赵池沟、镇木关沟。分布于内蒙古、陕西、宁夏、甘肃等省区。

芸香科 Rutaceae

拟芸香属 *Haplophyllum* A. Juss.

针枝芸香 *Haplophyllum tragacanthoides* Diels

矮小半灌木。10～15 cm。茎由基部丛生。叶矩圆状倒披针形或狭椭圆形，边缘具疏锯齿，两面灰绿色，无毛，具黑色腺点。花单生茎顶；花萼5深裂，裂片卵形至宽卵形；花瓣黄色，宽卵形或卵状矩圆形，边缘膜质，白色，沿中脉两侧绿色，具腺点；子房扁球形，4～5室。蒴果顶端开裂。种子肾形，表面具皱纹。花期6月，果期7—8月。

生于海拔1400～2300 m的石质干旱山坡。见于东坡苏峪口沟、黄旗口沟、甘沟、大水沟、汝箕沟、三关口、小口子沟；西坡哈拉乌沟、北寺沟、古拉本、南寺沟、峡子沟。分布于内蒙古、宁夏和甘肃等省区。

苦木科 Simarubaceae

臭椿属 *Ailanthus* Desf.

臭椿 *Ailanthus altissima*（**Mill.**）**Swingle**

　　落叶乔木。高可达20m。树皮灰色，光滑或具直裂纹。奇数羽状复叶，具小叶13~25枚，小叶近对生或对生，卵状披针形，近基部有1~2对粗齿，齿端下具1个腺体。圆锥花序，花杂性，较小；萼片卵状三角形；花瓣长椭圆形或倒卵状披针形，淡绿色；雄蕊10枚；心皮5枚，花柱合生，柱头5裂。翅果长圆状椭圆形，淡黄褐色。种子扁平。花期6月，果期9—10月。

　　生于浅山石质的崖缝中。见于东坡苏峪口沟、黄旗口沟、小口子沟、拜寺口沟。几遍全国各地。

　　药用价值　根皮或干皮（椿皮）：苦、涩；寒；可清热燥湿，收涩止带，止泻，止血；用于治疗带下病，湿热泻痢，久泻久痢，便血，崩漏。果实（凤眼草）：苦，寒；可活血祛风，清热利湿；用于治疗风湿痹痛，便血，淋浊，带下病，遗精。

半日花科 Cistaceae

半日花属 *Helianthemum* Mill.

半日花 *Helianthemum songaricum* Schrenk

　　矮小灌木。高5～12 cm。小枝对生或近对生，先端成刺状；单叶对生，革质，具短柄或几无柄，披针形或狭卵形，全缘，边缘常反卷，中脉稍下陷。花单生枝顶；萼片5枚，不等大，外面的2片线形，内面的3片卵形，背部有3条纵肋；花瓣黄色、淡橘黄色，倒卵形，楔形；雄蕊长约为花瓣的1/2，花药黄色；子房密生柔毛。蒴果卵形。花果期8—9月。

　　生于砾石质或沙质的草原化荒漠。见于东坡北端乌达区五虎山。分布于新疆、甘肃、宁夏和内蒙古。

柽柳科 Tamaricaceae

红砂属 *Reaumuria* L.

红砂 *Reaumuria soongarica*（Pall.）Maxim.

矮小灌木。高30～70 cm。叶常3~5枚簇生，肉质，短圆柱状或倒披针状线形。花单生叶腋或在小枝上集成疏松的穗状；花小无柄，花萼钟形，中下部连合，上部5齿裂，裂片三角状卵形，边缘膜质；花瓣5枚，粉红色或白色，矩圆形，雄蕊通常6枚，离生，与花瓣近等长；花柱3个。蒴果长圆状卵形；种子长矩圆形。花期7—8月，果期8—9月。

生于砾质戈壁、荒漠草原及潮湿的盐碱地。东、西两坡均有分布。分布于新疆、青海、甘肃、宁夏和内蒙古。

药用价值 全株：甘、辛，温；可解表发汗；用于治疗湿疹，皮炎。

黄花红砂 *Reaumuria trigyna* **Maxim.**

　　小灌木。高10~30 cm。叶肉质，圆柱形，常2~5枚簇生，先端圆，微弯曲。花单生叶腋；萼片5枚，离生，与苞片同形，几同大；花瓣5枚，黄色，矩圆状倒卵形；雄蕊15枚；子房倒卵形，花柱3个，长于子房。蒴果矩圆形。花期7—8月，果期8—9月。

　　多生于干旱石质山坡及砾石滩地。见于东、西两坡北端及三关口。分布于甘肃、宁夏和内蒙古等省区。

　　药用价值　全株：甘、辛，温；可解表发汗；用于治疗湿疹，皮炎。

柽柳属 *Tamarix* L.

多枝柽柳 *Tamarix ramosissima* Ledeb.

灌木。高1~3m。枝条呈紫红色或红棕色。叶披针形或三角状卵形，几贴于茎上。总状花序生于当年生枝上，组成顶生大型圆锥花序；花梗短于或等长于花萼；萼片5枚，卵形，先端渐尖或稍钝，边缘膜质；花瓣5枚，倒卵形，粉红色或紫红色，直立，彼此靠合，致使花冠呈酒杯状，宿存；花盘5裂，裂片顶端具凹陷；雄蕊5枚，着生花盘裂片之间，等长或稍长于花瓣；花柱3个。蒴果长圆锥形；3裂，种子多数，顶端具簇生毛。花期5—8月，果期6—9月。

多生于低洼湿地及沼泽边缘。仅见于东坡大武口。分布于新疆、青海、甘肃、宁夏和内蒙古。

水柏枝属 *Myricaria* Desv.

宽苞水柏枝 *Myricaria bracteata* Royle.

　　直立灌木。高 0.5～3.0 m。叶密生于当年生枝上，卵状披针形、线状披针形或狭矩圆形，先端钝或锐尖，基部略扩展，常具狭膜质边缘。总状花序顶生于当年生枝上，密集成穗状。苞片卵形或椭圆形，先端锐尖，边缘膜质；花 5 基数，萼片披针形、矩圆形或椭圆形，略短于花瓣，先端常内弯，具宽膜质边缘；花瓣倒卵形或倒卵状矩圆形，淡红色或紫红色，先端圆钝，基部狭缩，花后凋存；雄蕊 8～10 枚，略短于花瓣，花丝下部 2/3 以下合生。蒴果狭圆锥形。花期 6—7 月，果期 8—9 月。

　　生于 1 500～1 700 m 的宽阔山谷河床沙地。见于东坡大水沟和汝箕沟。分布于新疆、西藏、青海、甘肃、宁夏、陕西、内蒙古、山西和河北等省区。

　　药用价值　幼嫩枝条：甘，温。可升阳发散，解毒透疹。用于治疗麻疹不透，风湿关节痛，皮肤瘙痒，血热，瘾疹。

宽叶水柏枝 *Myricaria platyphylla* **Maxim.**

　　直立灌木。高达2 m。叶疏生，宽卵形或椭圆形，先端锐尖或短渐尖，基部圆形或宽楔形，无柄，不抱茎。总状花序侧生于去年生枝上，基部被有多数宿存鳞片，鳞片卵形，先端尖或钝；苞片宽卵形，边缘膜质，较花梗长，宿存；花5基数，萼片披针形，绿色，具狭膜质边，先端钝；花瓣倒卵形，粉红色，先端钝圆，基部狭缩，果时凋存，雄蕊10枚，花丝合生达2/3以上。蒴果。花期3—4月，果期5—6月。

　　生于湖滩地、沙地或流动沙丘间洼地。仅见西坡山麓。分布于内蒙古、宁夏和陕西等省区。

　　药用价值　嫩枝（沙红柳）：辛、甘，温；可发表，透疹；用于治疗麻疹不透高热，感冒发烧，乌头中毒，外用可治疗瘾疹。

李德禄 / 摄

蓼科 Polygonaceae

何首乌属 *Fallopia* Adans.

木藤蓼 *Fallopia aubertii*（L. Henry）Holub

多年生草本或半灌木。长1~4 m。茎缠绕。叶片长卵形，先端急尖，基部浅心形；托叶鞘膜质，浅褐色，顶端截形，破碎。圆锥花序大形，顶生；苞膜质，鞘状，先端斜形，急尖，内含3~6朵花；花梗细，上部具翅，下部具关节；花被白色，5深裂，外面裂片3个，背部具翅，翅下延至花梗下部关节，内面裂片2个；雄蕊8枚；花柱短，柱头3个。小坚果卵形，具3个棱，黑褐色，包藏于宿存花被内；翅倒卵形，基部下延。花期7月，果期8—9月。

生于海拔1 500~2 200 m的山坡、灌丛、沟旁附近。见于东坡苏峪口沟、大口子沟、黄旗口沟、小口子沟、贺兰口沟；西坡哈拉乌沟、赵池沟、北寺沟。分布于内蒙古、山西、河南、陕西、甘肃、青海、宁夏、西藏、湖北、四川、贵州和云南。

药用价值 块根（酱头）：苦、涩，凉；可清热解毒，调经止血；用于治疗痢疾，消化不良，胃痛，月经不调。

木蓼属 *Atraphaxis* L.

锐枝木蓼 *Atraphaxis pungens*（M.Bieb）Jaub. et Spach. ——————

　　矮小灌木。高达 1.5 m。叶互生，椭圆形，边缘波状，向背面反卷；托叶鞘膜质。总状花序侧生，苞片卵形，膜质；花被片 5 枚，淡红色，排列为 2 轮；雄蕊 8 枚；子房倒卵形，花柱 3 个，柱头头状。小坚果卵形，具 3 个棱。花期 5—6 月，果期 6—7 月。

　　生于石质山坡、荒漠及半荒漠干旱草原。见于东坡北部青年桥南。分布于新疆、内蒙古、甘肃、青海和宁夏。

周欣欣 / 摄

萹蓄属 *Polygonum* L.

圆叶蓼 *Polygonum intramongolicum* Fu et Y.Z.Zhao

　　小灌木。高 40~50 cm。老枝皮条状裂，灰褐色。叶革质，叶片近圆形，边缘具波状钝齿，沿脉及边缘有乳头状突起；具短柄，托叶鞘膜质，褐色。总状花序顶生，苞片膜质，褐色，基部卷折成漏斗状，每苞腋内具 3 朵花；花梗被乳头状突起；花小，粉红色或白色，花被 5 深裂，裂片倒卵形；雄蕊 3 枚，短于花被，花丝基部扩大；子房椭圆形，具 3 个棱，花柱 3 个，柱头头状。小坚果三棱形，褐色。花期 6—7 月。

　　生于石质低山丘陵。见于东坡三关口。分布于内蒙古和宁夏。

石竹科 Caryophyllaceae

裸果木属 *Gymnocarpos* Forssk.

裸果木 *Gymnocarpos przewalskii* Bge ex Maxim.

半灌木。高50~100 cm。分枝多而曲折。叶线状扁圆柱形，先端锐尖，具小尖头；托叶膜质；几无叶柄。聚伞花序叶腋生；苞片膜质，白色透明，宽椭圆形；花托钟状漏斗形，具肉质花盘；萼片5枚，倒披针形，先端具小尖头，外面被短柔毛；无花瓣；雄蕊2轮，外轮5个，无花药，内轮5个，与萼片对生，具花药；子房上位，含1个基生胚珠，花柱1个，丝状。瘦果包藏于宿存花萼中。花期5—6月，果期6—7月。

生于干旱石质山坡或荒漠地带。见于东坡大窑沟。分布于内蒙古、宁夏、甘肃、新疆和青海等省区。

苋科 Amaranthaceae

驼绒藜属 *Krascheninnikovia* Gueldenst.

驼绒藜 *Krascheninnikovia ceratoides* （L.）Gueldenst. ————————

灌木。高 0.1~1.0 m。老枝灰黄色，幼枝锈黄色，密生星状毛。叶宽线形，全缘，边缘反卷，主脉 1 条，两面密被星状毛。雄花序短而紧密，雌花管椭圆形，花管裂片角状，长达花管的 1/3，外被 4 束长毛。胞果直立，被毛，花柱短，柱头 2 个。花期 5 月，果期 6—7 月。

生于海拔 1 700~2 000 m 的干旱山坡、荒漠及半荒漠。见于东坡苏峪口沟、甘沟；西坡哈拉乌沟、大柳门子沟。分布于新疆、西藏、青海、甘肃、宁夏和内蒙古等省区。

盐爪爪属 *Atraphaxis* L.

尖叶盐爪爪 *Kalidium cuspidatum*（Ung.-Sternb.）Grub.

　　小灌木。高 20～40 cm。茎自基部分枝，斜升，老枝浅灰黄色，小枝黄绿色。叶片卵形，顶端急尖稍内弯，基部半抱茎，下延。穗状花序侧生于枝条上部。每一鳞片状苞片内着生 3 朵花。胞果圆形，种子圆形。花果期 7—8 月。

　　多生于低洼盐碱地、湖滩地及沟渠边。见于东坡石炭井；西坡巴音浩特等。分布于河北、内蒙古、陕西、甘肃、青海、宁夏和新疆。

盐爪爪 *Kalidium foliatum* （Pall.）Moq.

小灌木。高 20～50 cm。茎多分枝，枝互生，浅棕褐色。叶圆柱形，基部下延，半抱茎。穗状花序顶生；每一鳞片状苞片内着生 3 朵花；花被合生，上部扁平成盾状；雄蕊 2 枚；子房卵形，柱头 2 个，钻形。胞果圆形，红褐色。种子直立，圆形，密生乳头状小突起。花果期 7—8 月。

多生于低洼盐碱地、沟渠旁及池沼边。仅见于西坡巴彦浩特。分布于黑龙江、内蒙古、河北、甘肃、宁夏、青海和新疆。

细枝盐爪爪 *Kalidium gracile* Fenzl

　　小灌木。高20~50 cm。老枝灰黄色，无毛，幼枝灰黄绿色。叶互生，肉质，先端钝，紧贴于枝上。穗状花序顶生，每一鳞片状苞内着生1朵花；花被合生，顶端具4个膜质小齿，上部扁平成盾状；雄蕊2枚，伸出花被外；子房卵形，柱头2个，钻形。胞果卵形，果皮膜质，密被乳头状突起。种子卵圆形，两侧压扁，淡红褐色。花果期7—8月。

　　多生于低洼盐碱地、沟渠及池沼边、芨芨草滩。见于东坡石炭井；西坡巴彦浩特、古拉本等。分布于内蒙古、宁夏和新疆。

沙冰藜属 *Bassia* All.

木地肤 *Bassia prostrata*（L.）Beck

半灌木。高 20~80 cm。根粗壮，木质。茎短，呈丛生状，枝被白色柔毛。叶于短枝上簇生，狭线形。花两性和雌性，花无梗，不具苞；花被片 5 枚，密生柔毛，果时革质且在背面横生翅，翅干膜质，菱形，边缘具不规则的钝齿，具多数暗褐色扇状脉纹；雄蕊 5 枚，花丝线形；花柱短，柱头 2 个，具羽毛状突起。胞果扁球形，果皮近膜质，紫褐色。种子近圆形，黑褐色。花果期 6—9 月。

生于海拔 1 600~1 900 m 的山坡、山沟、砾石砂地。见于东坡小口子沟、苏峪口；西坡哈拉乌沟。分布于黑龙江、辽宁、内蒙古、河北、陕西、山西、宁夏、甘肃、西藏、新疆等省区。

药用价值 全草：可解热。

合头草属 *Sympegma* Bge.

合头草 *Sympegma regelii* Bge.

矮小灌木。高可达 1.5 m。茎直立，老枝多分枝，灰褐色，常条状剥裂。叶互生，圆柱形，肉质。花两性，花簇下具 1 对苞状叶，基部合生；花被片 5 枚，草质，具膜质边缘，果时变硬且自背面近顶端横生翅，大小不等，黄褐色，具纵脉纹；雄蕊 5 枚；柱头 2 个。胞果侧扁圆球形，果皮淡黄色。花果期 6—8 月。

多生于干旱山坡、石质荒漠等处。见于东坡石炭井及以北；西坡最北端。分布于新疆、青海、甘肃、宁夏、内蒙古等省区。

猪毛菜属 *Salsola* L.

珍珠猪毛菜 *Salsola passerina* Bge.

半灌木。高 15～30 cm。植株密生丁字毛；根粗壮，木质；老枝灰黄色。叶片锥形，先端渐尖，基部扩展，背面隆起。花序穗状，顶生；苞片卵形，肉质，被丁字毛，小苞片宽卵形，长于花被；花被片 5 枚，长卵形，果时背面中部横生翅，翅黄褐色；雄蕊 5 枚，柱头锥形。胞果扁球形。种子横生。花果期 6 — 10 月。

多生于干旱山坡及石质滩地。见于东西坡山麓地带。分布于内蒙古、宁夏、甘肃和青海。

松叶猪毛菜 *Salsola laricifolia* Turcz. ex Litv.

　　小灌木。高40～90 cm。多分枝；老枝黑褐色，有浅裂纹，嫩枝乳白色，有光泽。叶互生，老枝上叶簇生于短枝顶端，线形，肥厚，黄绿色。穗状花序，花单生于苞腋，苞片叶状，线形，小苞片宽卵形；花被片5枚，长卵形，果时自背面中下部生横翅，翅黄褐色；雄蕊5枚，花药矩圆形，顶端具附属物；柱头钻形。花果期5—9月。

　　生于海拔1 600～2 400 m的干旱山坡及石质荒漠。东、西坡均有分布。分布于新疆、甘肃、宁夏和内蒙古。

假木贼属 *Anabasis* L.

短叶假木贼 *Anabasis brevifolia* C. A. Mey.

半灌木。高 5~20 cm。主根粗壮，黑褐色。茎由基部主干上分出多数枝条，灰褐色；当年生枝淡绿色，具 4~8 节间，下部节间圆柱形，上部节间具棱。叶线形，半圆柱状，先端具短刺尖，基部合生成鞘状；近基部的叶较短，宽三角形，贴伏枝上。花两性，1~3 朵生于叶腋；小苞片 2 个，卵形；花被 5 枚，卵形，先端钝，果时背面具横生翅，翅膜质，淡黄色，外轮 3 枚花被片的翅肾形，内轮 2 枚花被片的翅较狭小，圆形。胞果卵形，黄褐色。花期 7—8 月，果期 9 月。

生于石质山坡或石质滩地。见于东坡石炭井、三关口，西坡巴音浩特营盘山。分布于新疆、甘肃、宁夏和内蒙古。

药用价值 嫩枝：可杀虫。

山茱萸科 Cornaceae

山茱萸属 *Cornus* Opiz

沙梾 *Cornus bretschneideri* L. Henry

灌木。高1~6m。叶对生，卵形、卵状椭圆形或长椭圆形，侧脉5~6对；叶柄被短柔毛。伞房状聚伞花序；花白色，花萼密被平伏灰白色短毛，萼齿三角形，稍长于花盘；花瓣披针形，外面疏被平伏短毛；雄蕊长于花瓣；花柱短，圆柱形，被稀疏短毛。核果近球形，蓝黑色，被短丁字毛。花期6—7月，果期7—8月。

生于海拔1800~1900m的山坡灌丛中。见于东坡小口子沟。分布于黑龙江、吉林、辽宁、内蒙古、甘肃、青海、宁夏、陕西、山西、河北、河南、湖北、四川等省区。

杜鹃花科 Ericaceae

北极果属 *Arctous*（A. Gray） Nied.

红北极果 *Arctous ruber*（Rehd. et Wils.）Nakai

　　落叶矮小灌木。高6～15 cm。茎匍匐于地面；枝暗褐色。叶簇生枝顶，纸质，倒披针形或倒狭卵形，先端钝或突尖，边缘具粗钝锯齿。花少数，常1～3朵成总状花序；苞片披针形；花萼小，5裂，花冠卵状坛形，淡黄绿色。口部5浅裂；雄蕊10枚，花丝被微毛，花药背面具2个小凸起；子房无毛，花柱无毛。浆果球形，无毛，有光泽，成熟时鲜红色、多汁。花期7月，果期8月。

　　生于海拔3 000 m左右的高山灌丛。见于主峰和西坡水磨沟、哈拉乌北沟。分布于吉林、内蒙古、甘肃和四川。

周繇／摄

越橘属 *Vaccinium* L.

越橘 *Vaccinium vitis-idaea* L.

常绿矮小灌木。高10～30 cm。茎纤细，直立或下部平卧。叶密生，叶片革质，椭圆形或倒卵形，顶端圆，有凸尖或微凹缺，基部宽楔形，边缘反卷，有浅波状小钝齿；叶柄短，被微毛。花序短总状，有2～8朵花；苞片红色，宽卵形；小苞片2个，卵形；萼片4枚，宽三角形；花冠白色或淡红色，钟状，4裂，裂至上部1/3，裂片三角状卵形，直立；雄蕊8枚，比花冠短；花柱稍超出花冠。浆果球形，紫红色。花期6—7月，果期8—9月。

生于海拔2 400～2 500 m的云杉林下。见于西坡烂柴沟。分布于黑龙江、吉林、内蒙古、陕西、新疆。

药用价值 叶：苦、涩、凉；有小毒；可利尿解毒；用于治疗淋症，小便涩痛。果实：酸、甘、平；可止痢；用于治疗泄泻，痢疾。

徐晔春／摄

茜草科 Rubiaceae

野丁香属 *Leptodermis* Wall.

内蒙野丁香 *Leptodermis ordosica* H. C. Fu et E. W. Ma

　　矮小灌木。高20～40 cm。多分枝。叶对生，长椭圆形，全缘，边缘常反卷，上面绿色，下面灰绿色，两面无毛；托叶三角状披针形。花近无梗，1～3朵簇生叶腋或枝端；小苞片，中部以下合生，膜质；花萼顶端4～5裂，裂片先端尖，边缘具睫毛；花冠长漏斗形，紫红色，边缘4～5裂，裂片卵状披针形；雄蕊4～5枚；柱头3个，线形。蒴果椭圆形，黑褐色，外包宿存的萼裂片及小苞片。花期6—7月，果期7—8月。

　　生于石质干旱山坡或山坡岩石缝隙中。东西两坡均有分布。分布于内蒙古和宁夏。

夹竹桃科 Apocynaceae Juss.

罗布麻属 *Apocynum* L.

罗布麻 *Apocynum venetum* L.

直立半灌木。高 1.5~3.0 m。具乳汁。叶对生，分枝处的叶常互生，卵状长椭圆形，边缘具骨质细齿；叶柄柄腋间具腺体。聚伞花序顶生；花梗被短柔毛；花萼 5 深裂，裂片椭圆状披针形，两面被短柔毛；花冠筒状钟形，紫红色，外面被短绒毛，先端 5 裂，裂片卵状椭圆形；雄蕊 5 枚，着生于花冠筒基部。蓇葖果 2 枚，叉生，圆柱形，紫红色，无毛；种子卵状椭圆形，顶端具一簇白色种毛。花期 6—7 月，果期 8—9 月。

生于北部荒漠化较强的山谷盐碱地。仅见于东坡石炭井。分布于辽宁、内蒙古、甘肃、河北、河南、陕西、山东、山西、宁夏、青海、新疆、西藏和江苏。

药用价值 叶：甘、苦，凉；可平肝安神，清热利水；用于治疗肝阳眩晕，心悸失眠，浮肿尿少，高血压，肾虚，水肿。全草：甘、苦，凉；有小毒；可清火，降压，强心，利尿；用于治疗心脏病，高血压，肾虚，肝炎腹胀，水肿。乳汁：用于治疗愈合伤口。

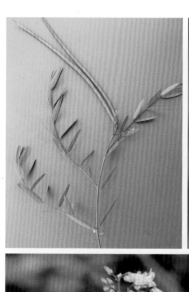

旋花科 Convolvulaceae

旋花属 *Convolvulus* L.

刺旋花 *Convolvulus tragacanthoides* Turcz.

半灌木。高4～15 cm。全株被银灰色丝状毛。茎铺散呈垫状，多分枝；小枝坚硬具刺，节间短。叶互生，狭倒披针形，无柄。花单生或2～3朵集生于枝顶，花梗短粗；萼片椭圆形，顶端具小尖头；花冠漏斗状，粉红色，具5条密生棕黄色长毛的瓣中带，冠檐5浅裂；雄蕊5枚，不等长，花丝丝状，基部扩大，长为花冠的1/2；子房被毛，花柱丝状，柱头2个，线形，长于雄蕊。蒴果圆锥形，被毛。花期6—9月，果期8—10月。

生于山前砾石滩地及干旱山坡上。见东坡汝箕沟以南；西坡古拉本东以南地段。分布于内蒙古、陕西、宁夏、甘肃、新疆、四川等省区。

药用价值 全草：可祛风除湿。

鹰爪柴 *Convolvulus gortschakovii* Schrenk

亚灌木或垫状小灌木，高达30 cm。分枝密集，枝刺短而坚硬，密被平伏银色绢毛。叶披针形、倒披针形或线状披针形，密被平伏银色绢毛。花单生于短侧枝顶，托有2个短刺，萼片不等大，疏被柔毛或无毛；花冠玫瑰色，漏斗状，瓣中带密被长粗毛；雄蕊稍不等长，长约花冠1/2，花丝无毛，花药箭形；子房被长柔毛，柱头线形。蒴果宽椭圆形。

生于多砾石的干燥山坡。见于西坡。分布于内蒙古、甘肃、宁夏和新疆。

林秦文／摄

147

茄科 Solanaceae

枸杞属 *Lycium* L.

枸杞 *Lycium chinense* Mill.

灌木。高0.5～1.0 m。枝条细弱，弓状弯曲或俯垂，淡灰色。单叶互生或2～4片簇生，卵状狭菱形，先端锐尖，全缘，两面无毛。花在长枝上1～2朵生于叶腋，在短枝上同叶簇生；花萼钟形，常3中裂或4～5齿裂，裂片边缘有缘毛；花冠漏斗形，淡紫色，檐部5深裂，卵形，顶端圆钝，边缘具缘毛；雄蕊稍短于花冠，花丝近基部密生1圈绒毛。浆果红色。花果期7—10月。

生于山麓冲沟内。见于东坡山麓，西坡北寺沟、峡子沟。全国各地均有分布。

药用价值 果实（枸杞子）：甘，平；可滋补肝肾，益精明目；用于治疗虚劳精亏，腰膝酸痛，眩晕耳鸣内热消渴，血虚萎黄，目昏不明。根皮（地骨皮）：甘，寒；可凉血除蒸，润肺降火；用于治疗阴虚潮热，骨蒸盗汗，肺热咳嗽，咯血，衄血，内热消渴。叶：苦、甘、凉；可补虚益精，清热，止渴，祛风明目；用于治疗虚劳发热，烦渴，目赤肿痛，翳障夜盲，崩漏，带下病，热毒疮肿。

黑果枸杞 *Lycium ruthenicum* **Murray**

灌木。高20~150 cm。多分枝，分枝斜升或横卧于地面，坚硬，常呈"之"字形弯曲，小枝顶端渐尖成棘刺状，节间短，节上具短棘刺。叶2~6枚簇生于短枝上，肥厚肉质，近无柄，线状披针形，两侧有时稍反卷，中脉不明显。花1~2朵生于短枝上；花梗细瘦；花萼狭钟形，不规则2~4浅裂，裂片膜质；花冠漏斗状，淡紫色，檐部5浅裂；雄蕊稍伸出花冠，着生于花冠筒中部。浆果紫黑色，球形。花果期6—10月。

生于盐碱荒地、沙地、沟渠边上或路边。见于东坡石炭井、汝箕沟；西坡巴音浩特。分布于西北及内蒙古、西藏等省区。

药用价值　果实（枸杞子）：甘，平；可滋补肝肾，益精明目；用于治疗虚劳精亏，腰膝酸痛，眩晕耳鸣内热消渴，血虚萎黄，目昏不明。根皮（地骨皮）：甘，寒；可凉血除蒸，润肺降火；用于治疗阴虚潮热，骨蒸盗汗，肺热咳嗽，咯血，衄血，内热消渴。叶：苦、甘、凉；可补虚益精，清热，止渴，祛风明目；用于治疗虚劳发热，烦渴，目赤肿痛，医障夜盲，崩漏，带下病，热毒疮肿。

木樨科 Oleaceae

丁香属 *Syringa* L.

华北紫丁香 *Syringa oblata* Lindl.

　　落叶灌木。高可达5m。小枝灰色，无毛。叶对生，圆卵形至肾形，全缘，两面无毛；叶柄无毛。圆锥花序顶生；花萼小，钟形，边缘4裂，裂片三角形；花冠紫红色，高脚碟状，花冠筒细长，顶端4裂，先端圆钝；雄蕊2枚，着生于花冠筒中上部；子房上位，2室，花柱柱状，柱头2裂。蒴果长圆形，平滑。花期5—6月，果期7月。

　　生于海拔1500~2300m的山坡及山谷中。见于东坡苏峪口沟、贺兰口沟、小口子沟、黄旗口沟；西坡哈拉乌沟、北寺沟、水磨沟、南寺沟等。分布于华北及辽宁、吉林、山东、陕西、宁夏、甘肃、四川等省区。

　　药用价值　树皮：清热燥湿，止咳定喘。叶：苦，寒；可清热，解毒，止咳，止痢；用于治疗咳嗽咳痰泄泻痢疾，肝炎。

羽叶丁香 *Syringa pinnatifolia* Hemsl.

落叶灌木。高1~4m。小枝灰褐色，无毛，老枝灰黑褐色。奇数羽状复叶，对生，小叶7~9枚，狭卵形，基部偏斜，全缘，两面无毛，顶端3枚小叶基部常连合；小叶近无柄。圆锥花序侧生，总花梗及花梗均无毛；花萼钟形，无毛，花冠白色或淡粉红色，4裂，裂片卵圆形；先端稍钝，花冠筒细长；雄蕊2枚，着生于花冠筒喉部。蒴果长椭圆形，黑褐色，先端尖，上部具灰白色斑点。花期5月，果期6月。

生于海拔1700~2100m的沟谷两侧灌丛中。见于东坡甘沟、榆树沟；西坡峡子沟等。分布于陕西、内蒙古、甘肃、宁夏、青海和四川。

药用价值 根、枝：辛，微温；可降气，温中，暖肾；用于治疗寒喘，胃腹胀痛，阴挺，脱肛，外用可治疗皮肤损伤。

玄参科 Scrophulariaceae

醉鱼草属 *Buddleja* L.

互叶醉鱼草 *Buddleja alternifolia* Maxim.

小灌木。高1~4m。单叶互生，披针形，全缘，下面密被灰白色柔毛及星状毛。花生于去年枝的叶腋，花多数簇生或成圆锥花序；花萼筒状，檐部4裂；花冠紫红色或紫堇色，裂片4个，卵形；雄蕊4枚，着生于花冠筒中部；子房光滑。蒴果卵状长圆形。花期5—6月。

生于海拔1300~2300m的干旱山坡。见于东坡苏峪口沟、小口子沟、插旗口沟；西坡锡叶沟。分布于河北、河南、宁夏、内蒙古、甘肃、青海、西藏、陕西、山西和四川。

药用价值 叶、花：辛，温；有小毒；可祛风除湿，止咳化痰，散瘀，杀虫。

唇形科 Labiatae

牡荆属 *Vitex* L.

荆条 *Vitex negundo* var. *heterophylla*（Franch.）Rehd.

灌木。高达3~4 m。叶对生，掌状复叶，小叶5枚，长椭圆形，边缘具缺刻状锯齿，两侧小叶片与中间小叶片同形且依次渐小；小叶具柄。圆锥花序顶生；花萼钟形，顶端5裂，裂片三角形；花冠蓝紫色，花冠筒里面喉部被短毛，檐部2唇形；2强雄蕊，伸出花冠；子房上位，4室，花柱1个，柱头2裂。花期7—8月，果期8—9月。

生于山坡或路边。仅见东坡中部山麓。分布于辽宁、河北、河南、山东、山西、内蒙古、陕西、甘肃、宁夏、四川、江苏、安徽等省区。

药用价值 全株：苦，温；可清热止咳，化湿截疟。果实：可祛风，祛痰，镇痛。叶；可解表，止疟，消暑；用于治疗咳嗽痰喘。根：可祛风湿，利关节，驱虫。

青兰属 *Dracocephalum* L.

线叶青兰　灌木青兰 *Dracocephalum fruticulosum* Steph. ex Willd.

矮小亚灌木。高10 cm。叶小，椭圆形，两面密被短毛及腺点。轮伞花序生于枝顶部，密集成穗状花序；苞片椭圆形，齿端具细长刺；花萼为不明显的2唇形；花冠紫红色，冠檐2唇形，上唇宽椭圆形，先端2浅裂，下唇与上唇等长，3裂；雄蕊4枚，稍伸出，花药黑褐色；花柱与雄蕊等长，先端2浅裂。花期6—7月。

生于石质山坡或山崖上。见于东坡甘沟、小口子沟；西坡峡子沟。分布于内蒙古和宁夏。

百里香属 *Thymus* L.

百里香 *Thymus mongolicus* Ronn. ———————————————

矮小半灌木。高10 cm。茎多数，匍匐或上升。叶狭卵形，叶脉3对，两面无毛，被腺点，全缘；叶柄短，具狭翅，密生缘毛。轮伞花序密集成头状；花梗短，密被短柔毛；花萼钟形，被腺点，2唇形，上唇3裂，下唇2裂达全唇片的基部；花冠呈紫红色或淡紫红色，外面疏被短柔毛，冠檐2唇形，上唇直立，倒卵状椭圆形，顶端微凹，下唇开展，3裂；雄蕊4枚，花柱细长，先端等2浅裂。花期6—7月。

生于山坡、石质河滩地、路边等处。分布于河北、陕西、山西、甘肃、宁夏、内蒙古、青海。

药用价值 地上部分（地椒）：辛，温；有小毒；可祛风解表，行气止痛；用于治疗感冒，头痛，牙痛，周身疼痛，腹胀冷痛。

莸属 *Caryopteris* Bge.

蒙古莸 *Caryopteris mongholica* Bge.

矮小灌木。高30~150 cm。老枝灰褐色，幼枝紫褐色，被灰白色短柔毛。单叶对生，披针形，两面密被短绒毛；具短柄，密被灰白色短绒毛。聚伞花序，花梗与总花梗密被灰白色短绒毛；花萼钟形，外面密被灰白色短绒毛，顶端5裂，裂片披针形；花冠蓝紫色，高脚碟状，外面被短柔毛，花冠筒细长，先端5裂；雄蕊4枚，2强雄蕊；花柱细长，稍短于雄蕊，柱头2个。果实球形，成熟时裂为4个小坚果，斜椭圆形，周围具狭翅。花期7月，果期8—9月。

生于干旱山坡。见于东坡苏峪口沟、贺兰口沟、插旗口沟、黄旗口沟、白寺沟；西波哈拉乌沟、水磨沟、古拉本、峡子沟、北寺沟、南寺沟等。分布于山西、陕西、内蒙古、宁夏和甘肃。

药用价值 全草：甘，寒；可消食理气，祛风湿，活血止痛；用于治疗消化不良，腹胀，风湿疼痛，小便赤涩，脚气湿痒，虚肿，外用可治疗肿毒。

菊科 Compositae

风毛菊属 *Saussurea* DC.

西北风毛菊 *Saussurea petrovii* Lipsch.

半灌木。高5～20 cm。茎丛生，直立，密被灰白色短棉毛。叶倒披针状线形，上面绿色，无毛，下面灰白色，密被灰白色棉毛。头状花序在茎顶排列成伞房花序；总苞筒状钟形；总苞片5层，被短棉毛，边缘暗紫红色，中肋绿色，外层卵形，中层卵状椭圆形，内层披针形；花冠粉红色，被腺点。瘦果倒卵状圆柱形，褐色，具黑色斑点；冠毛2层，外层糙毛状，内层羽毛状。花期7—8月，果期8—9月。

生于海拔2 000 m左右向阳的干旱山坡。仅见于东坡甘沟、汝箕沟；西坡峡子沟。分布于内蒙古、宁夏、甘肃等省区。

紫菀木属 *Asterothamnus* Novopokr.

中亚紫菀 *Asterothamnus centraliasiaticus* Novopokr.

亚灌木。高20~40 cm。基部多分枝，老枝木质化，灰黄色。叶互生，矩圆状线形，下面灰白色，密被蛛丝状棉毛，无柄。头状花序单生枝端或2~3个排列成疏散的伞房花序；总苞宽倒卵形；总苞片3~4层，边缘膜质，背面被短绒毛，外层总苞片较短，卵状披针形，内层线状长椭圆形，上端紫红色；舌状花淡紫红色。瘦果倒披针形；冠毛糙毛状，白色，与管状花花冠等长。花期7—9月，果期8—10月。

生于砾石荒滩或沙质地。见于东坡甘沟、汝箕沟、苏峪口沟、归德沟等；西坡峡子沟、哈拉乌沟等。分布于内蒙古、宁夏、甘肃和青海。

药用价值　花序：用于治疗外感疮毒。

短舌菊属 *Brachanthemum* DC.

星毛短舌菊 *Brachanthemum pulvinatum* （Hand.-Mazz.）C.Shih

半灌木。高15~45 cm。茎自基部多分枝，老枝褐色；小枝圆柱形，密被星状毛。叶近对生；叶片椭圆形，3~5羽状或近掌状深裂，裂片线形，两面密被星状毛。上部叶小，3裂。头状花序单生茎顶；总苞半球形；总苞片4层，边缘褐色膜质，先端钝圆，外层卵形，中层椭圆形，内层倒披针形，外面密被星状毛。舌状花黄色，先端具2~3个小齿。瘦果圆柱形，无毛。花期7—8月，果期9—10月。

生于干旱山坡或砾石滩地。见于西侧巴音浩特（营盘山）及西麓北端。分布于内蒙古、甘肃、宁夏、青海和新疆。

女蒿属 *Hippolytia* Poljakov

贺兰山女蒿 *Hippolytia kaschgarica*（Krasch.）Poljakov _____

　　小灌木或半灌木。高25～50 cm。叶倒卵状矩圆形，不规则羽状深裂，侧裂片长椭圆形，全缘或下侧具1小齿，边缘稍反卷，顶裂片先端3浅裂，叶片基部渐狭成柄，具腺点，背面密被灰白色平伏短柔毛。头状花序3～10个，在枝端排列成束状伞房花序；总苞宽钟形；总苞片4层，外面疏被平伏短柔毛，外层卵形，中层椭圆形，内层倒卵状矩圆形；小花漏斗状，全为两性花，花冠外面被腺点，顶端5裂，裂片三角形。瘦果倒卵状矩圆形，有腺点。花期7—8月，果期9—10月。

　　生于海拔1 500～2 400 m的石质山坡或悬崖石缝中。见于东坡甘沟、黄旗口沟、大水渠沟、大口子沟、苏峪口沟、插旗口沟、汝箕沟等；西坡哈拉乌沟、北寺沟、南寺沟、峡子沟等。分布于内蒙古、宁夏、甘肃和新疆。

亚菊属 *Ajania* Poljak.

著状亚菊 *Ajania achilleoides*（Turcz.）Poljakov ex Grubov

　　小半灌木。高25 cm。茎由基部多分枝，基部木质，具纵棱，密被灰色短柔毛或叉状毛。茎下部和中部叶卵形，二回羽状全裂，小裂片线形，先端钝，两面密被短柔毛；上部叶羽状全裂或不裂。头状花序在茎枝端排列成伞房状；总苞钟形，总苞片3~4层，黄色，有光泽，外层卵形，中内层卵形，边缘膜质，淡褐色；雌花花冠细管状，两性花花冠管状，被腺点。瘦果褐色。花果期8—9月。

　　生于海拔2 000 m以下的干旱砾石山坡。东、西两坡均有分布。分布于内蒙古、宁夏、甘肃等省区。

　　药用价值　全草：可清肺止咳。

灌木亚菊 *Ajania fruticulosa*（Ledeb.）Poljak.

小半灌木。高8～40 cm。根木质，细长。茎灰绿色或灰白色，基部麦秆黄色或淡红色，被白色短柔毛。中部叶轮廓为三角状卵形，二回掌状或掌式羽裂，茎上部和下部的叶3～5全裂，两面被顺向贴状的短柔毛。头状花序在茎顶排列成伞房花序；总苞钟形；总苞片4层，边缘白色，膜质，外层总苞片卵形，中内层椭圆形；边花雌性，花冠细管状，顶端3齿裂，盘花两性，花冠，具腺点，顶端5齿裂。瘦果椭圆形。花果期7—9月。

生于海拔2 000 m以下的石质山坡及荒漠草原。见于东坡苏峪口沟、甘沟、石炭井；西坡哈拉乌沟、南寺沟、北寺沟、峡子沟等。分布于内蒙古、陕西、甘肃、青海、宁夏、新疆、西藏等省区。

丝裂亚菊 *Ajania nematoloba*（Hand.-Mazz.）Ling et Shih

　　小半灌木。高达30 cm。茎枝无毛或几无毛或幼时被微柔毛。中下部茎叶宽卵形、楔形或扁圆形，二回三出（少有五出）掌状或掌式羽状分裂。一二回全裂。上部叶3～5全裂，但通常4全裂。或全部叶羽状全裂。末回裂片细裂如丝。头状花序小，多数在枝端排成疏松的伞房花序。总苞钟状，总苞片4层，外层卵形，中内层宽倒卵形。全部苞片麦秆黄色，有光泽。瘦果。花果期9—10月。

　　生于2000 m以下的干旱山坡。产于石炭井沟内。分布于宁夏、甘肃和青海。

蒿属 *Artemisia* L.

黑沙蒿 *Artemisia ordosica* Krasch. ─────────────────────────

半灌木。高 50~100 cm。主根长圆锥形，木质。茎直立，丛生，老枝灰白色，幼枝淡紫红色。叶黄绿色，半肉质，无毛，茎下部叶二回羽状全裂，小裂片狭线形；茎中部叶卵形，一回羽状全裂，裂片狭线形；茎上部叶 5~3 全裂。头状花序卵形，排成总状花序、复总状花序或圆锥花序；总苞片 3~4 层，外、中层总苞片卵形，背面黄绿色，无毛，边缘膜质，内层长卵形；边花雌性，花冠狭圆锥状，顶端 2 齿裂，盘花两性，花冠管状，不育。瘦果倒卵状长椭圆形。花果期 8 — 10 月。

生于沙质地或固定、半固定沙丘上。东、西两坡均有分布。分布于华北及陕西、宁夏、甘肃、新疆等省区。

药用价值 根：辛、苦，微温；可止血；用于治疗吐血，崩漏。枝叶及花蕾：辛、苦，微温；可祛风湿，提脓拔毒；用于治疗风湿关节痛，感冒，咽喉痛，疮疖痈肿。种子：可利水；用于治疗小便淋痛不利。

圆头蒿　白沙蒿 *Artemisia sphaerocephala* **Krasch.**

半灌木。高达 1.5 m。主根粗壮而深长。茎直立，老枝灰白色，幼枝淡黄色，无毛。叶在短枝上密集成簇生状；茎中部叶宽卵形，二回羽状全裂，小裂片线形，先端具小硬尖头，叶基部下延半抱茎，常有线形假托叶；茎上部叶羽状分裂或 3 全裂；苞叶线形，不分裂。头状花序球形，排成总状花序、复总状花序或圆锥花序；总苞片 3~4 层，外层卵状披针形，无毛，中、内层卵圆形；边花雌性，花冠狭管状，盘花两性，花冠管状，不育。瘦果卵状椭圆形。花果期 8 — 10 月。

生于流动、半固定沙丘上。仅见于北部山麓。分布于山西、内蒙古、陕西、宁夏、青海、甘肃等省区。

药用价值　果实（白沙蒿）：辛，平；可消肿散瘀，利气宽胸，杀虫；用于治疗乳蛾，疮疖，腹胀。

白莲蒿 *Artemisia stechmanniana* **Besser.**

多年生草本。高 1.3 m。茎直立，丛生，褐色，下部常木质。茎下部叶与中部叶片长卵形，二至三回栉齿状羽状分裂，小裂片披针形，叶轴两侧具栉齿，背面密被灰白色平伏短柔毛，叶柄长基部具栉齿状分裂的假托叶。头状花序球形，总状花序或圆锥花序；总苞片 3~4 层，外层总苞片长椭圆形，被灰白色短柔毛，中肋绿色，中、内层倒卵状椭圆形；边花雌性，花冠狭管状，盘花两性，花冠管状，顶端 5 齿裂。瘦果卵状狭椭圆形。花果期 8—9 月。

生于海拔 1 600~2 500 m 的山坡或砾石滩地。东、西两坡均有分布。分布于东北、华北及山东、河南、江苏、浙江、安徽、江西、福建、湖北、湖南、广东、广西、四川、贵州、云南、陕西、宁夏、甘肃等省区。

内蒙古旱蒿 *Artemisia xerophytica* Krasch.

半灌木。茎多数丛生，当年生枝灰白色，密被绢毛，后变疏。基生叶和茎下部叶二回羽状全裂，中部叶卵圆形，二回羽状全裂，小裂片倒披针形，两面密被灰黄色绢毛，上部叶和苞叶羽状全裂或3~5裂。头状花序近球形，在茎枝端排列成圆锥状；总苞片3~4层，外层小，狭卵形，背面被黄色短柔毛，边缘膜质，中间具绿色中肋，内层半膜质，无毛；边花雌性，被短毛，中央两性花，紫红色；花序托具白色毛。花果期8—9月。

生于半固定沙丘、砾石滩地和荒漠草原。仅见于北部荒漠化较强山麓和西坡山麓。分布于内蒙古、陕西、宁夏、甘肃、青海、新疆等省区。

五福花科 Adoxaceae

荚蒾属 *Viburnum* L.

蒙古荚蒾 *Viburnum mongolicum* （Pall.） Rehd.

灌木。高达2m。树皮褐色，纵裂，老枝灰白色，幼枝棕褐色，被星状毛。叶片卵形至椭圆形，基部圆形，边缘具浅锯齿，上面疏被平伏柔毛，背面疏被星状毛或近无毛；叶柄被星状毛；复伞形状聚伞花序顶生，总花梗被星状毛；花萼管状，无毛，萼齿5个，三角形；花冠钟形，黄绿色，花冠裂片5个，半圆形；雄蕊5枚，着生于花冠筒基部，与花冠等长或稍短。核果椭圆形，核扁，背面具2浅槽，腹面具3浅槽。花期6月，果期6—8月。

生于海拔1500～2300m的山坡灌丛或山谷。见于东坡苏峪口沟、贺兰口沟、大口子沟、小口子沟、黄旗口沟；西坡哈拉乌北沟、北寺沟、南寺沟、峡子沟。分布于河北、河南、内蒙古、陕西、山西、甘肃、青海、宁夏。

药用价值 根、叶：可祛风活血。果实：可清热解毒，破瘀通经，健脾。

忍冬科 Caprifoliaceae

忍冬属 *Lonicera* L.

蓝靛果忍冬 *Lonicera caerulea* var. *enulis* Turcz et Herd

灌木。高2.5 m。叶对生，椭圆形或椭圆状披针形，先端渐尖，基部圆形，两面被平伏柔毛，背面沿中脉较密；叶柄密被浅黄棕色柔毛。花对生，总花梗密被黄棕色毛，苞片锥形，被毛，小苞片合生成坛状花杯，完全苞被子房，成熟时肉质；花冠黄白色，外面被柔毛，基部一侧膨大成浅囊状，顶端近5等裂；雄蕊5枚，稍伸出花冠之外。浆果蓝色，成熟后黑色，卵状长椭圆形。花期5月，果期6—7月。

生于海拔2 500~2 800 m的山坡灌丛或林缘。仅见于主峰下的哈拉乌北沟及北寺沟。分布于黑龙江、河南、吉林、辽宁、内蒙古、河北、甘肃、山西、青海、宁夏、新疆、四川和云南。

药用价值 花蕾：可清热解毒；用于治疗腹胀，血痢。

金花忍冬 *Lonicera chrysantha* Turcz.

灌木。高可达4m。叶菱形或倒卵状菱形，先端渐尖，两面被毛，边缘具缘毛；叶柄疏被开展的白色长柔毛。花对生叶腋，总花梗直伸，被毛；苞片锥形，被毛；小苞片近圆形，长约为萼筒的1/2，边缘具白色缘毛；萼筒分离，萼齿短，边缘具缘毛；花冠黄白色，后变黄色，基部膨大成囊状，花冠筒上唇4浅裂；雄蕊5枚，与花冠裂片等长或稍短，花丝中部以下被毛；花柱较雄蕊短，被毛。浆果红色。花期6月，果期7—8月。

生于海拔2000~2300m的灌丛或林缘。见于东坡小口子沟、插旗口沟；西坡哈拉乌北沟、赵池沟、水磨沟。分布于黑龙江、吉林、辽宁、内蒙古、陕西、宁夏、甘肃、青海、西藏、河北、河南、山东、山西、江西、江苏、安徽、湖北、浙江、四川、云南和贵州。

药用价值 花蕾、嫩枝、叶：可清热解毒。

葱皮忍冬 *Lonicera ferdinandii* Franch.

灌木。高1.0~4.5 m。幼枝灰绿色，密生粗毛，老枝黑褐色，条状剥落，壮枝具圆形叶柄间托叶。叶对生，卵形，上面被平伏柔毛，背面被硬毛，边缘具缘毛。总花梗短，密被硬毛；苞片卵形，小苞片合生成壶状花杯，完全包围子房，厚革质；相邻的两花萼分离，萼齿三角形；花冠黄色，2唇形，唇片与花冠筒近等长，花冠筒基部膨大成囊状，上唇4裂，裂片椭圆形；雄蕊5枚，与花冠近等长；花柱被毛，伸出花冠。浆果红色，外包开裂的花杯。花期6月，果期7—8月。

生于海拔1700~2 000 m的山谷杂木林中。见于东坡小口子沟；西坡峡子沟、镇木关沟。分布于黑龙江、辽宁、内蒙古、河北、河南、甘肃、青海、宁夏、陕西、山西、四川和云南。

小叶忍冬 *Lonicera microphylla* **Willd. ex Roem. et Schult.**

灌木。高1~3m。幼枝浅棕色，无毛，老枝灰白色，条状剥落。叶对生，倒卵形，基部楔形，下面被短柔毛，后渐脱落，边缘具疏缘毛，叶柄无毛。花对生，总花梗无毛；苞片线形，较花萼长；花萼无毛，相邻的2个花萼大部几乎全部合生，萼檐环状；花冠淡黄色，外面无毛，基部膨大成囊状，2唇形，上唇4裂，裂片矩圆形，花冠筒内疏被柔毛；雄蕊5枚，稍伸出花冠；花柱被柔毛，伸出花冠。浆果近球形，红色。花期6月，果期7—8月。

生于海拔1 600~2 600 m的山坡、沟谷边。为东、西两坡常见灌木。分布于河北、河南、山西、内蒙古、宁夏、甘肃、青海、新疆、西藏和台湾。

药用价值 枝叶、花蕾：淡，凉；可清热解毒，强心消肿，固齿。

第五章

国家野生
保护植物

麻黄科 Ephedraceae

麻黄属 *Ephedra Tourn*. et L.

斑子麻黄 *Ephedra rhytidosperma* Pachom.

| 植物概述 |

矮小灌木，属于贺兰山特有植物之一，亦是中国特有种，并被《重点保护野生植物名录（2021）》和《中国物种红色名录》收录，列为国家二级保护植物，保护级别是濒危。

| 形态特征 |

矮小垫状灌木，高5～15 cm，具短硬多瘤节的木质茎。叶膜质鞘状，1/2合生，上部2裂，裂片宽三角形。雌雄异株。种子通常2枚，肉质红色，较苞片为长，约1/3外露，椭圆状卵圆形，背部中央及两侧边缘有整齐明显突起的纵肋，肋间及腹面均有横裂碎片状细密突起。

图 5-1 斑子麻黄形态特征

| 地理分布 |

产于宁夏贺兰山、牛首山和中卫香山地区，生于干旱山坡或山前洪积扇。分布于内蒙古和甘肃等省区。

| 种群数量 |

斑子麻黄群落在贺兰山的分布面积约4 805 hm²，种群密度为2 200株/hm²。

| 群落特征 |

贺兰山斑子麻黄群落斑子麻黄平均高度18.61 cm，范围12.8~26.4 cm；群落平均盖度2.26%，最小0.57%，最大5.10%；丰富度平均是10种/125 m²。群落结构简单，有灌木层和草本2个层片，灌木层优势种是斑子麻黄，次优势植物是刺旋花（*Convolvulus tragacanthoides*）和松叶猪毛菜（*Salsola laricifolia*）。土层发育较好地段，草本层物种较丰富，主要有中亚细柄茅（*Ptilagrostis pelliotii*）、九顶草（*Enneapogon desvauxii*）、短花针茅（*Stipa breviflora*）、无芒隐子草（*Cleistogenes songorica*）等；土层较薄的砾石戈壁仅有稀疏的草本植物。土壤有机质含量11.60~11.74 g/kg，土壤含水量为1.88%~2.87%，容重为1.08~1.41 g/cm³，全氮含量为0.66~1.13 g/kg，全磷含量为2.20~2.47 g/kg。

群落中出现了13科24属27种植物（表5-1）。其中以禾本科植物为多，有7属7种；其次是菊科和豆科，各有3属4种；再次藜科，2属3种；其余为1属1种。

图5-2　贺兰山东麓斑子麻黄群落

表5-1 斑子麻黄群落中出现的物种及其生活型

编号	科名	属名	种名	拉丁名	生活型
1	麻黄科	麻黄属	斑子麻黄	*Ephedra rhytidosperma*	灌木
2	旋花科	旋花属	刺旋花	*Convolvulus tragacanthoides*	半灌木
3	苋科	猪毛菜属	松叶猪毛菜	*Salsola laricifolia*	灌木
4	豆科	锦鸡儿属	荒漠锦鸡儿	*Caragana roborovskyi*	灌木
5			狭叶锦鸡儿	*Caragana stenophylla*	灌木
6		胡枝子属	兴安胡枝子	*Lespedeza davurica*	多年生草本
7		棘豆属	猫头刺	*Oxytropis aciphylla*	半灌木
8	菊科	蒿属	白莲蒿	*Artemisia sacrorum*	半灌木
9			猪毛蒿	*Artemisia scoparia*	多年生草本
10		亚菊属	蓍状亚菊	*Ajania achilleoides*	半灌木
11		狗娃花属	阿尔泰狗娃花	*Aster altaicus*	多年生草本
12	禾本科	隐子草属	无芒隐子草	*Cleistogenes songorica*	多年生草本
13		九顶草属	九顶草	*Enneapogon desvauxii*	一年生草本
14		草沙蚕属	中华草沙蚕	*Tripogon chinensis*	多年生草本
15		狼尾草属	白草	*Pennisetum flaccidum*	多年生草本
16		细柄茅属	中亚细柄茅	*Ptilagrostis pelliotii*	多年生草本
17		针茅属	短花针茅	*Stipa breviflora*	多年生草本
18		狗尾草属	狗尾草	*Setaria viridis*	一年生草本
19	蒺藜科	骆驼蓬属	多裂骆驼蓬	*Peganum multisectum*	灌木
20			骆驼蒿	*Peganum nigellastrum*	多年生草本
21		霸王属	霸王	*Zygophyllum xanthoxylon*	灌木
22	唇形科	兔唇花属	冬青叶兔唇花	*Lagochilus ilicifolius*	多年生草本
23	石蒜科	葱属	碱韭	*Allium polyrhizum*	多年生草本
24	芸香科	拟芸香属	针枝芸香	*Haplophyllum tragacanthoides*	半灌木
25	鼠李科	枣属	酸枣	*Ziziphus jujube* var. *spinosa*	灌木
26	柽柳科	红砂属	红砂	*Reaumuria soongarica*	灌木
27	白花丹科	补血草属	细枝补血草	*Limonium tenellum*	多年生草本

依照中国植被分类系统修订方案中的植被分类原则、植物群落命名原则对斑子麻黄进行分类和命名。借鉴植被类型划分及编排体系及《贺兰山植被》，将斑子麻黄草原群系划分为2个群丛组，3个群丛。

1. 斑子麻黄半灌木荒漠群丛组

该群丛组包括2个群丛，每个群丛具体特征如下。

（1）斑子麻黄—刺旋花—兴安胡枝子群丛。该群丛分布于宁夏西夏区镇北堡、贺兰山大口子、贺兰山春树口东，海拔1 223~1 488 m。灌木层片丰富度为5~7种/125 m²，斑子麻黄为优势种，平均高度为21.7 cm，盖度为3.10%，重要值为0.28。次优势种为刺旋花，伴生种为兴安胡枝子、狭叶锦鸡儿等。草本层物种丰富度为6~9种，优势种为中亚细柄茅，伴生种为九顶草、无芒隐子草、中华草沙蚕、白草等。该群丛多分布于洪积扇区，地表多砾石。

（2）斑子麻黄—刺旋花—中亚细柄茅群丛。该群丛分布于宁夏西夏区镇北堡，贺兰山春树口，海拔1 303.9 m。灌木层片丰富度为5种/125 m²，斑子麻黄为优势种，平均高度为22.7 cm，盖度为2.27%，重要值为0.55。次优势种为刺旋花，伴生种为兴安胡枝子、猫头刺。草本层物种丰富度为6种，优势种为中亚细柄茅，伴生种为九顶草、中华草沙蚕、无芒隐子草等。该群丛多分布于洪积扇区，地表多为大石块。

2. 斑子麻黄草本荒漠群丛组

该群丛组包括一个群丛，即斑子麻黄—中亚细柄茅群丛。群丛分布于宁夏贺兰山芦花泉、马莲口东、榆树沟、大窑沟，海拔1 226.80~1 384.30 m。灌木层片丰富度为5~7种/125 m²，斑子麻黄为优势种，平均高度为18.35 cm，盖度为3.10%，重要值为0.63，次优势种为刺旋花，伴生种为猫头刺、狭叶锦鸡儿、兴安胡枝子、红砂等。草本层物种丰富度为4~7种，优势种为九顶草，次优势种为中亚细柄茅，伴生种为短花针茅、无芒隐子草、多裂骆驼蓬、骆驼蒿、碱韭、细枝补血草、白莲蒿、冬青叶兔唇花等。该群丛多分布于贺兰山丘陵的中下部，地表有大量碎石，沟壑纵横。

| 保护价值 |

1. 生态价值

斑子麻黄是强旱生小灌木，能够形成以斑子麻黄为建群种的荒漠生态景观，在荒漠生态系统多样性维持方面扮演着重要角色。

2. 科学研究价值

本种是贺兰山特有植物，也是中国特有种。种子形态特殊，是麻黄科植物中最为特殊的类型，在本科系统演化研究方面具有重要价值。

│濒危原因│

（1）斑子麻黄群落主要分布于宁夏贺兰山南段，生于碎石质阳坡或山麓砾石洪积扇，属典型的大陆性气候，多风沙，降水少且集中，蒸发量大，生长环境恶劣。

（2）斑子麻黄是一个狭域分布的物种，分布面积较小且目前种群数量较少，生态系统脆弱，种群一旦破坏就很难恢复，增加了斑子麻黄灭绝的风险。

（3）近年来，随着贺兰山东麓土地开发和利用，大面积的斑子麻黄栖息地遭到了严重破坏，这种情况日渐加剧。

│繁殖方法│

种子繁殖。

│保护措施│

大部分斑子麻黄群落并不在贺兰山国家级自然保护区内，随着贺兰山东麓土地的开发和利用，大面积的斑子麻黄栖息地遭到破坏。因此，建议就地保护，建立保护小区。同时加强有关学科研究，促进斑子麻黄的种群繁育和保护。

蒺藜科 Zygophyllaceae

四合木属 *Tetraena* Maxim.

四合木 *Tetraena mongolica* Maxim.

| 植物概述 |

四合木是强旱生落叶灌木，是中国特有子遗单种属植物，被誉为植物的活化石和植物中的大熊猫；被《重点保护野生植物名录（2021）》《中国生物多样性红色名录》《中国物种红色名录》《中国植物红皮书》收录，被列为国家二级保护植物，保护级别是易危。

| 形态特征 |

灌木，高40~80 cm。叶片倒披针形，先端锐尖，有短刺尖，两面密被伏生叉状毛，呈灰绿色，全缘。老枝叶近簇生，当年枝叶对生；花单生于叶腋；萼片4枚，卵形；花瓣4枚，白色。果4瓣裂，果瓣长卵形或新月形。种子矩圆状卵形。花期5—6月，果期7—8月。

图 5-3　四合木形态特征

| 地理分布 |

四合木产于石嘴山市惠农区北端贺兰山柳条沟以北、麻黄沟以南贺兰山与黄河之间的洪积扇或台地上。生于石质低山丘陵或覆沙坡地。分布于内蒙古和宁夏等省区。

| 种群数量 |

四合木在宁夏石嘴山市分布面积是835 hm²；其中461 hm²属于宁夏贺兰山管辖范围，并且设立了四合木保护区；但是374 hm²在保护区之外，目前无人管护；总体种群密度为1814株/hm²；种群数量为1514690株。

| 群落特征 |

四合木群落有2个优势层片，灌木层优势种是四合木，次优势种红砂（*Reaumuria songorica*）；伴生种有矮脚锦鸡儿（*Caragana brachypoda*）、松叶猪毛菜（*Salsola laricifolia*）、猫头刺（*Oxytropis aciphylla*）、霸王（*Zygophyllum xanthoxylon*）、狭叶锦鸡儿（*Caragana stenophylla*）等；灌木层平均高度29 cm，平均盖度52.94％。草本层平均高度是5.81cm，平均盖度5.82％，优势种为短花针茅（*Stipa breviflora*），伴生有骆驼蒿（*Peganum nigellastrum*）、银灰旋花（*Convolvulus ammannii*）、蒺藜（*Tribulus terrestris*）、薯状亚菊（*Ajania achilloides*）、兴安胡枝子（*Lespedeza davurica*）、无芒隐子草（*Cleistogenes songorica*）、戈壁针茅（*Stipa tianschanica* var. *gobica*）、九顶草（*Enneapogon desvauxii*）、蝎虎驼蹄瓣（*Zygophyllum mucronatum*）、猪毛菜（*Salsola collina*）、狗尾草（*Setaria viridis*）、蒙古韭（*Allium mongolicum*）等。

群落中出现了14科27属35种植物（表5-2）。其中以禾本科植物为多，有6属7种；豆科其次，有3属5种。

图5-4 贺兰山东麓四合木群落

表5-2　四合木群落中出现的物种及其生活型

编号	科名	属名	种名	拉丁名	生活型
1	麻黄科	麻黄属	膜果麻黄	*Ephedra przewalskii*	灌木
2	旋花科	旋花属	刺旋花	*Convolvulus tragacanthoides*	半灌木
3			银灰旋花	*Convolvulus ammannii*	多年生草本
4	苋科	猪毛菜属	松叶猪毛菜	*Salsola laricifolia*	灌木
5			刺沙蓬	*Salsola tragus*	一年生草本
6		虫实属	蒙古虫实	*Corispermum mongolicum*	一年生草本
7		盐生草属	白茎盐生草	*Halogeton arachnoideus*	一年生草本
8	豆科	锦鸡儿属	荒漠锦鸡儿	*Caragana roborovskyi*	灌木
9			狭叶锦鸡儿	*Caragana stenophylla*	灌木
10			矮脚锦鸡儿	*Caragana brachypoda*	灌木
11		胡枝子属	兴安胡枝子	*Lespedeza davurica*	多年生草本
12		棘豆属	猫头刺	*Oxytropis aciphylla*	半灌木
13	菊科	蒿属	圆头蒿	*Artemisia sphaerocephala*	半灌木
14			猪毛蒿	*Artemisia scoparia*	多年生草本
15		狗娃花属	阿尔泰狗娃花	*Aster altaicus*	多年生草本
16		亚菊属	蓍状亚菊	*Ajania achilloides*	半灌木
17	禾本科	隐子草属	无芒隐子草	*Cleistogenes songorica*	多年生草本
18		九顶草属	九顶草	*Enneapogon desvauxii*	一年生草本
19		狼尾草属	白草	*Pennisetum flaccidum*	多年生草本
20		细柄茅属	中亚细柄茅	*Ptilagrostis pelliotii*	多年生草本
21		针茅属	短花针茅	*Stipa breviflora*	多年生草本
22			戈壁针茅	*Stipa tianschanica* var. *gobica*	多年生草本
23		狗尾草属	狗尾草	*Setaria viridis*	一年生草本
24	蒺藜科	骆驼蓬属	多裂骆驼蓬	*Peganum multisectum*	多年生草本
25			骆驼蒿	*Peganum nigellastrum*	多年生草本
26		蒺藜属	蒺藜	*Tribulus terrestris*	一年生草本
27		霸王属	霸王	*Zygophyllum xanthoxylon*	灌木

续表

编号	科名	属名	种名	拉丁名	生活型
28			蝎虎驼蹄瓣	*Zygophyllum mucronatum*	一年生草本
29	唇形科	兔唇花属	冬青叶兔唇花	*Lagochilus ilicifolius*	多年生草本
30	鼠李科	枣属	酸枣	*Ziziphus jujube* var. *spinosa*	灌木
31	柽柳科	红砂属	红砂	*Reaumuria soongarica*	灌木
32	石蒜科	葱属	蒙古韭	*Allium mongolicum*	多年生草本
33	天门冬科	天门冬属	戈壁天门冬	*Asparagus gobicus*	多年生草本
34	大戟科	大戟属	地锦	*Euphorbia humifusa*	一年生草本
35	石竹科	繁缕属	银柴胡	*Stellaria dichotoma* var. *lanceolata*	多年生草本

| 保护价值 |

1. 生态价值

四合木耐干旱、抗风沙，对荒漠环境适应性强，是干旱地区防风固沙、保持水土的优良树种；独特的四合木群落在维持荒漠生态系统多样性和稳定性方面发挥重要作用。

2. 经济价值

枝条含油脂率高，易燃耐烧，是潜在的油料能源植物。

3. 研究价值

四合木是蒙古高原、亚洲中部的特征属之一，是研究古生物、古地理及全球变化的极好材料，是植物中的大熊猫，受到国内外学术界高度重视。

| 濒危原因 |

1. 自身原因

四合木在小孢子发生和雄配子体发育过程中的败育和发育异常导致能育花粉数量减少，可育花粉量的减少、传粉昆虫的缺乏，使得雌、雄配子体无法结合，造成部分胚珠无法受精而败育。同时，胚发育过程中存在败育现象，导致结实率较低。

2. 外在原因

（1）生境破碎化，种群数量缩减。公路、铁路、光伏的修建，农垦、工业和开发区的兴建活动，侵占了四合木栖息生境，造成种群数量减少和生殖隔离。

（2）人为过度利用。四合木植株体内含有较多的油脂，易燃烧，是当地居民喜用的薪柴。

（3）虫害危害。四合木易遭受红缘天牛、虎天牛2种蛀干害虫的危害。

| 繁殖方法 |

种子繁殖和无性繁殖。

| 保护措施 |

各级政府高度重视四合木的保护，并建立了贺兰山四合木保护区，但保护工作还应从以下几个方面入手。

（1）加强宣传工作，提高当地居民四合木的保护意识，严禁砍伐作为薪柴。

（2）合理规划工、农、牧业的发展，做到珍稀濒危植物优先考虑。

（3）适当采取人工措施，提高有性繁殖。针对种子向幼苗转化率低的特点采取迁地保护，建立繁育基地，保护种质资源。为提高结实率，在较小范围内可采取人工传粉或引进传粉昆虫，提高传粉效率。

（4）建议建立惠农区四合木保护区，并围栏复壮。

豆科 Leguminosae

沙冬青属 *Ammopiptanthus* Cheng f.

沙冬青 *Ammopiptanthus mongolicus*（Maxim. ex Kom.）Cheng f.

| 植物概述 |

沙冬青是常绿阔叶强旱生灌木，分布于亚洲中部荒漠区，也是第三纪荒漠区孑遗植物。沙冬青是优良的水土保持植物，常用于防风固沙，对维持西北干旱荒漠区脆弱的生态系统有着重要的意义。沙冬青被《重点保护野生植物名录（2021）》《中国物种红色名录》《中国植物红皮书》收录，被列为国家二级保护植物，保护级别是易危。

| 形态特征 |

常绿灌木；高1.5~2.0 m。叶为掌状三出复叶。总状花序顶生；花冠黄色。荚果长椭圆形。花期4—5月，果期5—6月。

图5-5 沙冬青形态特征

| 地理分布 |

产贺兰山柳条沟、汝箕沟和道路沟。生于低山石质坡地。分布于内蒙古和甘肃等省区。

| 种群数量 |

贺兰山国家级自然保护区有沙冬青群落面积为44 hm²；种群密度为17株 /hm²。

| 群落特征 |

沙冬青群落高度为3~410 cm，盖度为21%~88.51%，灌木层优势种为蒙古沙冬青，伴生种有蒙古扁桃（*Prunus mongolica*）、松叶猪毛菜（*Salsola laricifolia*）、荒漠锦鸡儿（*Caragana roborovskyi*）、狭叶锦鸡儿（*Caragana stenophylla*）；草本层优势种为蓍状亚菊（*Ajania achilloides*），伴生种有猪毛蒿（*Artemisia scoparia*）、无芒隐子草（*Cleistogenes songorica*）、阿尔泰狗娃花（*Heteropappus altaicus*）、虎尾草（*Chloris virgata*）、九顶草（*Enneapogon desvauxii*）、中亚细柄茅（*Ptilagrostis pelliotii*）、短花针茅（*Stipa breviflora*）等。沙冬青群落共出现植物18科39属46种种子植物，其中禾本科植物较多，有11种，其次为菊科植物，有9种。

沙冬青群落样土壤有机质含量均值为10.86 g/kg，范围为5.84~21.00 g/kg；全氮含量均值为0.47 g/kg，范围为0.14~0.90 g/kg；全磷含量均值0.54 g/kg，范围为0.39~0.86 g/kg；全钾含量均值为20.71 g/kg，范围为18.8~23.6 g/kg。

图5-6　贺兰山沙冬青群落

表5-3 沙冬青群落中出现的物种及其生活型

编号	科名	属名	种名	拉丁名	生活型
1	榆科	榆属	旱榆	*Ulmus glaucescens*	小乔木
2	藜科	藜属	灰绿藜	*Chenopodium glaucum*	一年生草本
3			刺藜	*Chenopodium aristatum*	一年生草本
4		猪毛菜属	松叶猪毛菜	*Salsola laricifolia*	灌木
5	石竹科	石头花属	荒漠石头花	*Gypsophila desertorum*	多年生草本
6	十字花科	念珠芥属	蚓果芥	*Torularia humilis*	多年生草本
7	蔷薇科	李属	蒙古扁桃	*prunus mongolica*	落叶灌木
8	豆科	锦鸡儿属	荒漠锦鸡儿	*Caragana roborovskyii*	落叶灌木
9			狭叶锦鸡儿	*Caragana stenophylla*	矮灌木
10		胡枝子属	兴安胡枝子	*Lespedeza davurica*	灌木
11		棘豆属	猫头刺	*Oxytropis aciphylla*	小半灌木
12		黄芪	胀萼黄芪	*Astragalus ellipsoideus*	多年生草本
13		岩黄芪属	贺兰山岩黄芪	*Hedysarum petrovii*	多年生草本
14	蒺藜科	蒺藜属	蒺藜	*Tribulus terrestris*	一年生草本
15		骆驼蓬属	多裂骆驼蓬	*Peganum multisecta*	多年生草本
16		四合木属	四合木	*Tetraena mongolica*	灌木
17		霸王属	霸王	*Sarcozygium xanthoxylon*	灌木
18	芸香科	拟芸香属	针枝芸香	*Haplophyllum tragacanthoides*	小半灌木
19	远志科	远志属	远志	*Polygala tenuifolia*	多年生草本
20	大戟科	大戟属	地锦	*Euphorbia humifusa*	一年生草本
21	萝藦科	鹅绒藤属	鹅绒藤	*Cynanchum chinense*	缠绕草本
22			地梢瓜	*Cynanchum thesioides*	多年生草本
23	旋花科	旋花属	刺旋花	*Convolvulus tragacanthoides*	小半灌木
24	唇形科	兔唇花属	兔唇花	*Lagochilus ilicifolium*	多年生草本
25	玄参科	地黄属	地黄	*Rehmannia glutinosa*	多年生草本
26	茜草科	薄皮木属	内蒙野丁香	*Leptodermis ordosica*	小灌木
27	菊科	火绒草属	火绒草	*Leontopodium Leontopodioides*	多年生草本

续表

编号	科名	属名	种名	拉丁名	生活型
28		紫菀木属	中亚紫菀木	*Asterothamnus centrali-asiaticus*	半灌木
29		旋覆花属	沙地旋覆花	*Inula salsoloides*	多年生草本
30		亚菊属	蓍状亚菊	*Ajania achilloides*	小半灌木
31		狗娃花属	阿尔泰狗娃花	*Heteropappus altaicus*	多年生草本
32	紫草科	鹤虱属	鹤虱	*Lappula myosotis*	一年生或越年生草本
33		蒿属	白莲蒿	*Artemisia sacrorum*	半灌木
34			猪毛蒿	*Artemisia scoparia*	多年生草本
35			茵陈蒿	*Artemisia capillaries*	多年生草本
36	禾本科	隐子草属	无芒隐子草	*Cleistogenes songorica*	多年生草本
37			糙隐子草	*Cleistogenes squarrosa*	多年生草本
38		孔颖草属	白羊草	*Bothriochloa ischaemum*	多年生草本
39		稗属	稗	*Echinochloa crusgalli*	一年生草本
40		虎尾草	虎尾草	*Chloris virgata*	一年生草本
41		芨芨草属	芨芨草	*Achnatherum splendens*	多年生草本
42		冰草属	冰草	*Agropyron cristatum*	多年生草本
43		赖草属	赖草	*Leymus secalinus*	多年生草本
44		针茅属	短花针茅	*Stipa breviflora*	多年生草本
45			戈壁针茅	*Stipa tianschanica* var. *gobica*	多年生草本
46		九顶草属	九顶草	*Enneapogon desvauxii*	一年生草本

| 保护价值 |

1. 生态价值

沙冬青对荒漠生态系统生物多样性的维持与稳定扮演着重要角色。本身具有耐寒、耐旱、耐高温、耐贫瘠等诸多特性，是干旱荒漠区水土保持和固沙防风的优良树种和特色观赏植物。

2. 科学价值

沙冬青是古老的常绿残遗植物，为阿拉善分布种。该物种的存在有力地支持了亚洲中部荒漠区系热带起源学说。

3. 药用价值

枝叶可入药，能祛风湿、舒筋活血、止痛。

|濒危原因|

1. 自身原因

沙冬青在小孢子、雄配子体发育过程中败育，导致能育花粉数量减少；进而使得雌、雄配子体无法结合，造成部分胚珠无法受精而败育，上述原因导致结实率很低。

2. 外在原因

盛花期花易被动物啃食，结实期种子易遭受昆虫的侵害，导致结实率低。

|繁殖方法|

种子繁殖。

|保护措施|

为提高结实率，在小范围内可采取人工传粉或引进传粉昆虫，提高传粉效率。建议采种，进行补播，使天然种群获得复壮。针对种子向幼苗转化率低的特点应采取迁地保护，建立繁育基地，保护种质资源。

蔷薇科 Rosaceae

李属 *Prunus* L.

蒙古扁桃 *Prunus mongolica* Maxim. ────────────────

| 植物概述 |

蒙古扁桃是落叶灌木，为亚洲中部戈壁荒漠区特有的旱生灌木，是这些荒漠区和荒漠草原的景观植物和水土保持植物，对研究亚洲中部干旱地区植物区系和林木种质资源保护具有一定的意义。蒙古扁桃被《重点保护野生植物名录（2021）》《中国生物多样性红色名录》《中国物种红色名录》《中国植物红皮书》收录，被列为国家二级保护植物，保护级别是易危。

| 形态特征 |

灌木，高1～2m；具枝刺；叶片宽椭圆形、近圆形或倒卵形，浅钝锯齿，侧脉约4对。花单生稀数朵簇生于短枝上；粉红色。核果实宽卵球形。花期5月，果期8月。

| 地理分布 |

产于宁夏贺兰山各沟道，生于海拔1400～2300m的石质山坡或低山丘陵坡麓。分布于内蒙古和甘肃等省区。

| 种群数量 |

蒙古扁桃在宁夏贺兰山的分布面积是7446.2hm²；种群密度为63株/hm²。

| 群落特征 |

依照中国植被分类系统修订方案中的植被分类原则、植物群落命名原则对蒙古扁桃群落进行分类和命名。借鉴植被类型划分及编排体系及《贺兰山植被》，将蒙古扁桃灌木群系划分为6个群丛。

1. 蒙古扁桃 + 猫头刺群丛

该群落类型分布于贺兰山大窑沟，海拔1493～1933m。群落高度为0.7m左右，盖度为20%～50%，优势种为蒙古扁桃，次优势种为刺旋花及猫头刺，伴生种为荒漠锦鸡儿、旱榆、松叶猪毛菜、猪毛蒿、戈壁针茅、猫头刺、狭叶锦鸡儿、小叶金露梅等。

2. 蒙古扁桃 + 箸状亚菊群丛

该群落类型分布于贺兰山响水沟及汝箕沟，海拔1619～1848m。群落高度为6～234cm，群落盖度为20%～40%，优势种为蒙古扁桃，次优势种为猫头刺及箸状亚

图 5-7　蒙古扁桃形态特征

菊，伴生种有刺旋花、狭叶锦鸡儿、内蒙古野丁香、荒漠锦鸡儿、短花针茅、小叶金露梅等。

3. 蒙古扁桃 + 刺旋花群丛

该群落类型分布于贺兰山大口子沟及王泉沟，海拔 1379~1490 m。群落高度为 8~170 cm，盖度为 13.3%~53.6%，优势种为蒙古扁桃，次优势种为短花针茅及刺旋花，伴生种有菭状亚菊、小叶鼠李、猫头刺、猪毛蒿、阿尔泰狗娃花、荒漠锦鸡儿等。

4. 蒙古扁桃 + 荒漠锦鸡儿群丛

该群落类型分布于贺兰山大水渠沟、贺兰口、王泉沟，海拔 1379~2092 m。群落高度为 7~110 cm，盖度为 13%~78%，优势种为蒙古扁桃，次优势种为菭状亚菊及荒漠锦鸡儿，伴生种为猫头刺、刺旋花、松叶猪毛菜、内蒙古野丁香、短花针茅、隐子草、长芒草等。

5. 蒙古扁桃 + 松叶猪毛菜群丛

该群落类型分布于贺兰山苏峪口沟及响水沟，海拔 1684~1912 m。群落高度为 8~150 cm，盖度为 8.3%~33.3%，优势种为蒙古扁桃，次优势种为阿拉善鹅冠草及松叶猪毛菜，伴生种为旱榆、猫头刺、九顶草、黄刺玫、长芒草、甘青针茅等。

6.蒙古扁桃＋旱榆群丛

该群落类型分布于贺兰山大窑沟，海拔1343 m。群落高度为1~80 cm，盖度为2%~68%，优势种为蒙古扁桃，次优势种为蓍状亚菊及短花针茅，伴生种为九顶草、松叶猪毛菜、刺旋花、荒漠锦鸡儿、阿尔泰狗娃花、长芒草等。

表5-4　蒙古扁桃群落物种组成

编号	科名	属名	种名	拉丁名	生活型
1	榆科	榆属	旱榆	*Ulmus glaucescens*	乔木
2	蔷薇科	李属	蒙古扁桃	*Prunus mongolica*	灌木
3		委陵菜属	小叶金露梅	*Potentilla parvifolia*	灌木
4			二裂委陵菜	*Potentilla bifurca*	多年生草本
5			西山委陵菜	*Potentilla sischanensis*	多年生草本
6		蔷薇属	黄刺玫	*Rosa xanthina*	灌木
7		栒子属	灰栒子	*Cotoneaster acutifolius*	落叶灌木
8	鼠李科	鼠李属	小叶鼠李	*Rhamnus parvifolia*	灌木
9		枣属	酸枣	*Ziziphus jujuba* var. *spinosa*	灌木
10	豆科	棘豆属	猫头刺	*Oxytropis aciphyll*	半灌木
11		锦鸡儿属	狭叶锦鸡儿	*Caragana stenophylla*	矮灌木
12			荒漠锦鸡儿	*Caragana roborovskyi*	灌木
13			藏青锦鸡儿	*Caragana tibetica*	灌木
14			柠条锦鸡儿	*Caragana korshinskii*	灌木
15		胡枝子属	达乌里胡枝子	*Lespedeza davurica*	小灌木
16		岩黄芪属	黄花岩黄芪	*Hedysarum citrinum*	多年生草本
17			变异黄芪	*Astragalus variabilis*	多年生草本
18			内蒙岩黄芪	*Hedysarum fruticosum* var. *mongolicum*	半灌木
19		黄芪属	贺兰山岩黄芪	*Hedysarum petrovii*	多年生草本
20	茜草科	野丁香属	内蒙古野丁香	*Leptodermis ordosica*	小灌木

续表

编号	科名	属名	种名	拉丁名	生活型
21	旋花科	旋花属	刺旋花	*Convolvulus tragacanthoides*	垫状亚灌木
22			银灰旋花	*Convolvulus ammannii*	多年生草本
23	藜科	猪毛菜属	松叶猪毛菜	*Salsola laricifolia*	灌木
24		霸王属	霸王	*Sarcozygium xanthoxylon*	灌木
25		驼绒藜属	华北驼绒藜	*Ceratoides latens*	半灌木
26	柽柳科	红砂属	红砂	*Reaumuria songarica*	灌木
27	麻黄科	麻黄属	斑子麻黄	*Ephedra rhytidosperma*	灌木
28			木贼麻黄	*Ephedra equisetina*	灌木
29	玄参科	醉鱼草属	互叶醉鱼草	*Buddleja alternifolia*	灌木
30	柏科	刺柏属	杜松	*Juniperus rigida*	小乔木
31	芸香科	拟芸香属	针枝芸香	*Haplophyllum tragacanthoides*	小亚灌木
32			北芸香	*Haplophyllum dauricum*	北芸香
33	唇形科	莸属	蒙古莸	*Caryopteris mongholica*	落叶小灌木
34	菊科	紫菀木属	中亚紫菀木	*sterothamnus centraliasiaticus*	亚灌木
35		狗娃花	阿尔泰狗娃花	*Heteropappus altaicus*	多年生草本
36		蒿属	白莲蒿	*Artemisia sacrorum*	亚灌木状草本
37			猪毛蒿	*Artemisia scoparia*	多年生草本
38			油蒿	*Artemisia japonica*	多年生草本
39			冷蒿	*Artemisia frigida*	多年生草本
40			甘肃蒿	*Artemisia gansuensis*	半灌木状草本
41			华北米蒿	*Artemisia giraldii*	亚灌木状草本
42		亚菊属	蓍状亚菊	*Ajania achilloides*	小半灌木
43		合耳菊属	术叶千里光	*Synotis atractylidifolia*	亚灌木
44	小檗科	小檗属	置疑小檗	*Berberis dubia*	落叶灌木
45	禾本科	细柄茅属	中亚西柄茅	*Ptilagrostis pelliotii*	多年生草本
46		针茅属	短花针茅	*Stipa breviflora*	多年生草本

编号	科名	属名	种名	拉丁名	生活型
47			长芒草	*Stipa bungeana*	多年生草本
48			甘青针茅	*Stipa przewalskyi*	多年生草本
49			大针茅	*Stipa grandis*	多年生草本
50			戈壁针茅	*Stipa tianschanica*	多年生草本
51		九顶草属	九顶草	*Enneapogon borealis*	多年生草本
52		隐子草属	糙隐子草	*Cleistogenes squarrosa*	多年生草本
53		狼尾草属	白草	*Pennisetum centrasiaticum*	多年生草本
54		狗尾草属	狗尾草	*Setaria viridis*	一年生草本
55		芨芨草属	芨芨草	*Achnatherum splendens*	多年生草本
56		披碱草属	阿拉披碱草	*Elymus alashanica*	多年生草本
57	伞形科	西风芹属	内蒙古邪蒿	*Seseli intramongolicum*	多年生草本
58	石蒜科	葱属	碱韭	*Allium polyrhizum*	多年生草本
59			细叶韭	*Allium tenuissimum*	多年生草本
60	唇形科	兔唇花属	冬青叶兔唇花	*Lagochilus ilicifolius*	多年生草本
61		糙苏属	串铃草	*Phlomis mongolica*	多年生草本
62	蒺藜科	骆驼蓬属	多裂骆驼蓬	*Peganum multisectum*	多年生草本
63	毛茛科	唐松草属	唐松草	*Thalictrum aquilegiifolium* var. *sibiricum*	多年生草本
64	石竹科	石头花属	草原石头花	*Gypsophila oldhamiana*	多年生草本
65	紫葳科	角蒿属	角蒿	*Incarvillea sinensis*	一年生草本
66	龙胆科	龙胆属	达乌里龙胆	*Gentiana dahurica*	多年生草本
67	远志科	远志属	远志	*Polygala tenuifolia*	多年生草本
68	鸢尾科	鸢尾属	细叶鸢尾	*Iris tenuifolia*	多年生草本
69	大戟科	大戟属	乳浆大戟	*Euphorbia esula*	多年生草本
70	白花丹科	补血草属	细枝补血草	*Limonium tenellum*	多年生草本

图 5-8　贺兰山东麓蒙古扁桃群落

| 保护价值 |

1. 生态价值

蒙古扁桃是荒漠区特有的旱生落叶灌木，也是荒漠区和荒漠草原的景观植物和水土保持植物，对环境脆弱的荒漠区和荒漠草原生态环境的稳定发挥着极其重要的作用。蒙古扁桃也是荒漠区早春观赏树种和蜜源植物。

2. 经济价值

嫩叶富含氮、磷、钾营养元素，山羊及绵羊采食其嫩枝、叶及花，是中等饲用植物。蒙古扁桃种仁含油率为40%~54%，脂肪酸主要含油酸、亚油酸、棕榈酸和硬脂酸等脂肪酸，而且脂肪酸不饱和程度很高，油酸和亚油酸含量达97%，因此蒙古扁桃为重要的木本油料树种。也可作核果类果树的砧木。

3. 药用价值

蒙古扁桃种仁可代"郁李仁"入药，能润肠、利尿，主治大便燥结、水肿、脚气、咽喉干燥、干咳及支气管炎等。

| 濒危原因 |

蒙古扁桃生长于荒漠区，辐射强、气温高、降水量少、土壤贫瘠，生长环境恶劣。因此生态环境的变化，影响蒙古扁桃种群的生长发育，同时蒙古扁桃自我繁殖能力衰退，天然更新困难。

近年来，贺兰山自然保护区管理局实行封育，保护岩羊、马鹿等植食性野生动物，生态环境得以休养生息。但随着长期封育，植食性野生动物大量繁殖，啃食蒙古扁桃，致使蒙古扁桃种群数量减少。

贺兰山北段的汝箕沟、王泉沟和石炭井都有大面积的蒙古扁桃分布，但那里有很多的矿场，矿产开采破坏了大面积植被，致使野生蒙古扁桃种群数量减少，分布范围逐渐缩小，处于渐濒危状态。

| 繁殖方法 |

种子繁殖。

| 保护措施 |

建议采取围栏封育措施，制止滥挖、滥牧等行为，使天然植被得以恢复和发展。特别要制止毁林开荒，实行封山育林，给植被生长发育创造一个良好的环境。同时在有条件的地方建立野生蒙古扁桃种质资源自然保护区，加强此资源植物研究力度，为进一步开发利用奠定基础。

半日花科 Cistaceae

半日花属 *Helianthemum* Mill.

半日花 *Helianthemum songaricum* Schrenk

| 植物概述 |

半日花是古地中海变迁的古老残遗、濒危孤种植物，为亚洲中部荒漠特有种。已被《国家重点保护野生植物名录（2021）》《中国生物多样性红色名录》《IUCN 物种红色名录》《中国植物红皮书——稀有濒危植物》收录，被列为国家二级保护植物，保护级别是濒危。

| 形态特征 |

矮小灌木，稍呈垫状，高12 cm。叶对生，革质，披针形或窄卵形。花单生枝顶，花瓣黄或淡橘黄色，倒卵形；雄蕊长约为花瓣的1/2，花药黄色。蒴果卵形，种子卵形。

图5-9 半日花形态特征

| 地理分布 |

产于宁夏永宁县闽宁镇明长城，生于沙地和砾质山坡。分布于新疆、内蒙古和甘肃等地，呈岛屿状间断分布。

| 种群数量 |

种群数量小于100株。

| 群落特征 |

半日花群落的分布区属于中温大陆性气候；冬季寒冷、夏季炎热，年均温9.8℃，最低气温可达 −25℃，最高气温可达37.7℃；干旱少雨，年降水量约177.8 mm，蒸发量远超过降水量，生于砾石质生境，土壤含水量为（6.10±0.94）%，容重为（1.55±0.03）g/cm³，全氮含量为（0.31±0.07）g/kg，全磷含量为（0.10±0.01）g/kg，有机质含量为（7.17±0.15）g/kg，pH为7.13±0.10。半日花群落高度为2~62 cm，盖度为5.46%~24.87%，优势种为半日花，重要值49.64，平均高度为14.95 cm，次优势种为刺旋花；伴生有红砂（*Reaumuria soongarica*）、猫头刺（*Oxytropis aciphylla*）、珍珠猪毛菜（*Salsola passerina*）、九顶草（*Enneapogon desvauxii*）、虎尾草（*Chloris virgata*）、三芒草（*Aristida adscensionis*）、短花针茅（*Stipa breviflora*）等。

图 5-10 永宁县闽宁镇半日花群落

| 保护价值 |

1. 生态价值

半日花是干旱草原和荒漠区优良的防风、固沙植物，在荒漠生态系统多样性的维持方面发挥着重要作用。

2. 研究价值

半日花为亚洲中部荒漠特有种，对研究我国荒漠植物区系的起源以及与地中海植物区系的联系有重要的科学价值。

| 濒危原因 |

半日花生长环境严酷，生长于年降水量小于180 mm的区域，水分是半日花生长发育的限制性因素。

自身的遗传因素也是造成半日花濒危的原因之一，在胚和胚乳的发育过程中经常会出现无胚的现象，进而无法形成种子，无法完成种群更新。

| 繁殖方法 |

种子繁殖。

| 保护措施 |

（1）对当地现有的半日花群落进行就地保护，建立宁夏半日花保护区。

（2）对半日花进行有效的迁地保护，使其种质资源得到保存。

（3）利用现代生物技术建立有效的种质资源保护库。

（4）加强人们对濒危植物保护认识的宣传教育活动。

茄科 Solanaceae

枸杞属 *Lycium* L.

黑果枸杞 *Lycium ruthenicum* Murray

| 植物概述 |

黑果枸杞通常分布在干旱、盐碱的荒漠与半荒漠地区，多在盐碱化程度较高的地区以群落形式分布，是重要的生态植物。已被《国家重点保护野生植物名录（2021）》收录，被列为国家二级保护植物。

| 形态特征 |

多棘刺灌木，高20～50（150）cm，多分枝。叶2～6枚簇生于短枝上，在幼枝上则单叶互生，肥厚肉质，近无柄，条形、条状披针形或条状倒披针形，有时成狭披针形。花1～2朵生于短枝上；花冠漏斗状，呈浅紫色。浆果紫黑色，球状。种子肾形，呈褐色。花果期5—10月。

图5-11　黑果枸杞形态特征

| 地理分布 |

产东坡石炭井和汝箕沟，生于盐化沙地、河沿岸、干河床。分布于陕西、宁夏、甘肃、青海、新疆和西藏等省区。

| 种群数量 |

种群数量小于50株。

| 生境特征 |

黑果枸杞适应性很强，耐干旱，能在荒漠生境生长。喜光树种，全光照下发育健壮；对土壤要求不严，其背景土 0~10 cm 土层土壤含盐量可达 8.9%，10~30 cm 土层土壤含盐量可达 5.1%，根际土土壤含盐量达 2.5%，可见耐盐碱能力特别强，且有较强的吸盐能力；抗涝能力差。多喜生于盐碱荒地、盐化沙地、盐湖岸边、渠路两旁、河滩等各种盐渍化生境土壤中。

| 保护价值 |

1. 生态价值

黑果枸杞具有良好的抗风固沙性能，颇耐沙埋。作为西北地区特有的抗盐、耐旱野生植物种，对防风固沙具有重要意义。

2. 药用价值

黑果枸杞含蛋白质、枸杞多糖、氨基酸、维生素、矿物质、微量元素等多种营养成分，并含特有的花青素。是我国西部特有的沙漠药用植物品种。

| 濒危原因 |

野生黑果枸杞多分布于盐碱滩地，生长条件恶劣，产量稀少，珍稀、珍贵。

因为黑枸杞子具有的抗氧化等功效，近年来逐渐为人们追捧，高昂的价格也一度令很多人进行了疯狂的破坏性采摘。

| 繁殖方法 |

种子繁殖。

| 保护措施 |

（1）对当地现有的黑果枸杞群落进行就地保护，建立宁夏黑果枸杞保护区。

（2）由于黑果枸杞人工栽培年限短，提高其栽培技术可进行有效的保护。

（3）利用现代生物技术建立有效的种质资源保护库。

参考文献

[1] 马德滋，刘惠兰，胡福秀.宁夏植物志（第2版）（上下）[M].银川：宁夏人民出版社，2007.

[2] 刘凤，刘冰.多识植物，http：//duocet.ibiodiversity.net/.

[3] 狄维忠.贺兰山维管植物[M].西安：西北大学出版社，1986.

[4] 朱宗元，梁存柱.贺兰山植物志[M].银川：阳光出版社，2011.

[5] 赵一之，马文红，赵利清.贺兰山维管植物检索表[M].呼和浩特：内蒙古大学出版社，2016.

[6] 马德滋，刘惠兰，胡福秀.宁夏植物志（第2版）（上下）[M].银川：宁夏人民出版社，2007.

[7] 黄璐琦，李小伟.贺兰山植物资源图志[M].福州：福建科技出版社，2017.

[8] 李小伟，吕晓旭，黄文广.宁夏植物图鉴（第二卷）[M].北京：科学出版社，2020.

[9] 李小伟，吕晓旭，朱强.宁夏植物图鉴（第三卷）[M].北京：科学出版社，2020.

[10] 李小伟，黄文广，窦建德.宁夏植物图鉴（第四卷）[M].北京：科学出版社，2021.

[11] 李小伟，林秦文，黄维.宁夏植物图鉴（第一卷）[M].北京：科学出版社，2021.

[12] 刘小林，杜诚，常朝阳，等.豆科植物阿拉善黄芪的分类订正[J].西北植物学报，2010，30（2）：417-419.

[13] 梁存柱，朱宗元，王炜，等.贺兰山植物群落类型多样性及其空间分异[J].植物生态学报，2004，28（3）：361-368.

[14] 朱晓梅.裸果木、四合木、革苞菊三种荒漠植物起源地及迁移路线研究[D].内蒙古大学，2008.

[15] 朱宗元，梁存柱.贺兰山植物志[M].银川：阳光出版社，2011.

[16] 金山.宁夏贺兰山国家级自然保护区植物多样性及其保护研究[D].北京林业大学，2009.

[17] 马惠成, 李小伟, 杨君珑, 等. 蒙古沙冬青群落区系组成及分类研究 [J]. 西北植物学报, 2020, 40 (04): 706-716.

[18] 马红英, 李小伟, 杨君珑, 等. 蒙古沙冬青叶片解剖特征与生态因子的关系 [J]. 生态环境学报, 2020, 29 (05): 910-917.

[19] 高媛, 王继飞, 杨君珑, 等. 贺兰山东坡青海云杉林苔藓群落及环境之间的关系. 水土保持研究, 2019, 26 (01), 227-232+239.

[20] 梁存柱, 朱宗元, 李志刚. 贺兰山植被 [M]. 银川: 阳光出版社. 2012.

[21] 刘晓星. 国家重点保护野生植物新名录公布 [N]. 中国环境报, 2021-09-15 (008).

[22] 汪松, 解焱. 中国物种红色名录 [M]. 北京: 高等教育出版社. 2004.

[23] 傅立国, 金鉴明. 中国植物红皮书——稀有濒危植物 (第一册) [M]. 北京: 科学出版社, 1992: 218.

[24] 中国科学院中国植物志编辑委员会. 中国植物志 (第7卷) [M]. 北京: 科学出版社, 1978: 481.

[25] 赵一之. 内蒙古珍稀濒危植物图谱 [M]. 北京: 中国农业科技出版社, 1992: 20.

[26] 中国科学院中国植物志编辑委员会. 中国植物志 (第43卷 (1)) [M]. 北京: 科学出版社, 1998: 144.

[27] 中国科学院中国植物志编辑委员会. 中国植物志 (第42 (2) 卷) [M]. 北京: 科学出版社, 1998: 395.

[28] 中国科学院中国植物志编辑委员会. 中国植物志 (第38卷) [M]. 北京: 科学出版社, 1986: 16.

[29] 中国科学院中国植物志编辑委员会. 中国植物志 (第50 (2) 卷) [M]. 北京: 科学出版社, 1990: 178.

[30] 杨持, 王迎春, 刘强, 等. 四合木保护生物学 [M]. 北京: 科学出版社. 2002.

[31] 王迎春, 侯艳伟, 张颖娟, 等. 四合木种群生殖对策的研究 [J]. 植物生态学报, 2001, 25 (6): 5.

[32] 中国药材公司. 中国中药资源志要 [M]. 北京: 科学出版社, 1994: 548.

[33] 郭柯, 方精云, 王国宏, 等. 中国植被分类系统修订方案 [J]. 植物生态学报, 2020, 44, 111-127.

[34] 方精云, 郭柯, 王国宏, 等. 《中国植被志》的植被分类系统, 植被类型划分及编排体系 [J]. 植物生态学报, 2020 (2): 15.

[35] 斯琴巴特尔. 荒漠植物蒙古扁桃生理生态学 [M]. 中国科学技术出版社, 2014.

[36] 李紫晶, 莎娜, 史亚博, 等. 内蒙古西鄂尔多斯地区半日花荒漠群落特征及其分类 [J]. 植物生态学报, 2019, 43 (09): 806-816.

[37] 闫秀, 王旭, 刘小龙, 等. 宁夏青铜峡半日花群落区系组成与群落结构特征 [J]. 农业科学研究, 2020, 41 (01): 92-96.

[38] 闫秀, 窦建德, 黄维, 等. 宁夏珍稀濒危植物半日花种群结构和点格局分析 [J]. 应用生态学报, 2020, 31 (11): 3614-3620.

[39] 马虹, 王迎春, 郭晓雷, 等. 濒危植物——半日花大、小孢子发生和雌、雄配子体形成 [J]. 内蒙古大学学报 (自然科学版), 1997 (03): 135-140.

[40] 高婷婷, 李清河, 徐军, 等. 荒漠珍稀灌木半日花繁殖生物学特性研究 [J]. 西北植物学报, 2010, 30 (10): 1982-1988.

[41] 韩丽娟, 叶英, 索有瑞. 黑果枸杞资源分布及其经济价值 [J]. 中国野生植物资源, 2014, (6): 55-57.

[42] 王多东, 张全礼, 张岩波. 三十六团黑果枸杞栽培技术 [J]. 新疆农垦科技, 2016, 39 (1): 2.

[43] 姜霞, 任红旭, 马占青, 等. 黑果枸杞耐盐机理的相关研究 [J]. 北方园艺, 2012 (10): 5.

[44] 王琴, 王建友, 李勇, 等. 我国黑果枸杞研究进展 [J]. 北方园艺, 2016 (5): 6.

[45] 夏园园, 莫仁楠, 曲玮, 等. 黑果枸杞化学成分研究进展 [J]. 药学进展, 2015, 39 (5): 6.

[46] 林丽, 张裴斯, 晋玲, 等. 黑果枸杞的研究进展 [J]. 中国药房, 2013, 24 (47): 5.

[47] 杨小玉, 刘格, 郝莉雨, 等. 黑果枸杞研究现状及发展前景分析 [J]. 食品与药品, 2018, 20 (6): 5.

[48] 狄维忠. 贺兰山维管植物 [M]. 西安: 西北大学出版社, 1986.

[49] 吴征镒, 周浙昆, 孙航, 等. 种子植物分布区类型及其起源和分化 [J]. 云南科技出版社, 2006.

[50] 吴征镒. 中国种子植物属的分布区类型 [J]. 植物分类与资源学报, 1991, 植物资源与环境学报, 1991, 13 (S4): 1-3 (S4).

[51] 李登武, 王成吉, 杜永峰, 等. 宁夏种子植物区系研究 [J]. 植物研究, 2003 (01): 24~31.

[52] 吴征镒, 周浙昆, 孙航, 等. 种子植物分布区类型及其起源和分化 [M]. 昆明: 云南科技出版社, 2006.

[53] 盛茂银, 沈初泽, 陈祥, 等. 中国濒危野生植物的资源现状与保护对策 [J]. 自然杂志, 2011.

[54] 邹天才, 李媛媛, 洪江, 等. 贵州稀有濒危种子植物物种多样性保护与利用的研究 [J]. 广西植物, 2021, 41 (10): 1699~1717.

[55] Wu Z Y，Raven P H. Flora of China：Vol. 4[M]. Beijing：Science Press and Missouri Botanical Garden，1999：98.

[56] Wu Z Y，Raven P H. Flora of China：Vol. 9[M]. Beijing：Science Press and Missouri Botanical Garden，2003：98.

[57] Wu Z Y，Raven P H. Flora of China：Vol. 11[M]. Beijing：Science Press and Missouri Botanical Garden，2008：50.

[58] Wu Z Y，Raven P H. Flora of China：Vol. 10[M]. Beijing：Science Press and Missouri Botanical Garden，2010：100.

[59] Wu Z Y，Raven P H. Flora of China：Vol. 13[M]. Beijing：Science Press and Missouri Botanical Garden，2007：207.

[60] C，Yuwei Wang A B，et al.，et al. Subcritical water extraction，UPLC−Triple−TOF/MS analysis and antioxidant activity of anthocyanins from Lycium ruthenicum Murr[J]. Food Chemistry，2018，249：119−126.

中文名索引

拉丁名索引

A

B

C

H

Haplophyllum tragacanthoides **Diels** / 120

Helianthemum songaricum **Schrenk** / 122

Hippolytia kaschgarica （**Krasch.**）**Poljakov** / 160

J

Juniperus chinensis （**L.**）**Ant.** / 035

Juniperus rigida **Sieb. et Zucc.** / 036

Juniperus sabina **L.** / 037

K

Kalidium cuspidatum （**Ung.-Sternb.**）**Grub.** / 133

Kalidium foliatum （**Pall.**）**Moq.** / 134

Kalidium gracile **Fenzl** / 135

Krascheninnikovia ceratoides （**L.**）**Gueldenst.** / 132

L

Leptodermis ordosica **H. C. Fu et E. W. Ma** / 144

Lespedeza davurica （**Laxim.**）**Schindl.** / 052

Lespedeza floribunda **Bge.** / 053

Lespedeza juncea （**L. f.**）**Pers.** / 054

Lespedeza potaninii **Vass.** / 055

Lonicera caerulea **var.** *enulis* **Turcz et Herd** / 169

Lonicera chrysantha **Turcz.** / 170

Lonicera ferdinandii **Franch.** / 171

Lonicera microphylla **Willd. ex Roem. et Schult.** / 172

X

Z